献礼

中国共产党百年华诞

"十四五"国家重点出版物出版规划项目
国家新闻出版署"2021年全国有声读物精品出版工程"项目

见证百年的科学经典

中国科学技术协会　组编

中国科学技术出版社
·北　京·

编　委　会

有声读物创作组

艺术顾问：虹　云　刘纪宏

项目策划：郑贤兰　郑洪炜

项目统筹：郑贤兰　张　曼

项目执行：九紫云创

朗读者：雅　坤　虹　云　刘纪宏　陆　洋

　　　　温玉娟　曲敬国　臧金生

统　稿：郑洪炜　李　宁　刘　博

支持单位

（按汉语拼音排序）

北京大学王选计算机研究所王选纪念室
北京茅以升科技教育基金会
北京应用物理与计算数学研究所
广东省钟南山医学基金会
哈尔滨工业大学
海军军医大学东方肝胆外科医院
河北农业大学
华南农业大学
吉林大学地球探测科学与技术学院
西安交通大学交大西迁博物馆
云南吴征镒科学基金会
中国船舶集团公司第七〇二研究所
中国科学院电工研究所
中国科学院动物研究所
中国科学院高能物理研究所
中国科学院力学研究所
中国科学院脑科学与智能技术卓越创新中心
中国科学院上海药物研究所
中国科学院学部工作局
中国空间技术研究院
中国人民解放军陆军工程大学
中国载人航天工程办公室
中国中医科学院青蒿素研究中心

序

　　风雨飘摇来时路，劈波斩浪一百年。百年前，嘉兴南湖红船成为"我们党梦想起航的地方"。它承载着民族复兴的梦想，从鸦片战争后山河破碎的沉沉暮霭中起航，驶向朝阳初升的崭新世纪。从那时起，历经革命、建设、改革、复兴路上的风雨洗礼，我们党矢志不渝践行为人民谋幸福、为民族谋复兴的初心使命，筚路蓝缕奠基立业，求是拓新缔造辉煌，率领中国人民实现了中华民族伟大复兴历史进程的大跨越。

　　中国共产党领导下的科技事业，是百年恢宏历史画卷上浓墨重彩的篇章。新民主主义革命时期，我们党领导的科技事业在革命烽火中初创，经受住了复杂斗争环境的严峻考验，积淀形成重视知识分子、支持科技工作的光荣传统，为新中国科技事业的发展奠定了坚实基础。新中国成立后，面对百废待兴、百业待举的局面和复杂的国际形势，我国科技工作者不仅在多复变函数论、哥德巴赫猜想、陆相成油理论、人工合成牛胰岛素、抗疟新药研制等方面取得重大突破，"两弹一星"等伟大成就的取得，更使我国的国际地位得到极大提升。改革的雄浑乐章奏响，"科学的春天"激发出蓬勃的创新活力，我国科技工作者在基础研究、前沿技术等领域屡获佳绩：载人航天、探月工程、载人深潜……中国科技成果一次次迎来突破，一次次刷新人类探索的极限。进入新时代，我国科技实力正在从量的

积累迈向质的飞跃，从点的突破迈向系统能力提升。"天问一号""嫦娥五号""奋斗者号"等科学探测实现重大突破，杂交水稻、核电、高铁惠及"一带一路"沿线国家，北斗卫星导航系统向全球提供服务，"中国天眼"面向全世界科学家开放……中国在推动创新驱动发展的同时，为丰富世界知识宝库、服务全人类科技进步做出更多、更大贡献。

中国科技事业的发展史，闪耀着中国共产党科技思想的光芒。中国共产党孕育于近代"民主、科学"思潮与十月革命后马克思主义思想启蒙，从她诞生的那一刻起，就高度重视科技问题。革命初期，中国共产党将科学视为"人们争取自由的一种武装"，党对科技人才的重视、对科技工作的领导贯穿始终。当新中国从战争的废墟中站立起来，党中央发出"向科学进军"的号召，组织实施一系列轰轰烈烈的科技实践活动，迎来新中国科技发展的黄金时期。1978年"科学的春天"降临祖国大地，"科学技术是第一生产力"为改革开放这场中国的"第二次革命"提供了强有力的思想引领。在科教兴国、人才强国战略指引下，我国科技事业突飞猛进。进入新时代，以习近平同志为核心的党中央高瞻远瞩、崭新擘画，强调创新是第一动力、人才是第一资源，以建设世界科技强国为目标，实施创新驱动发展战略，我国科技事业实现了历史性、整体性、格

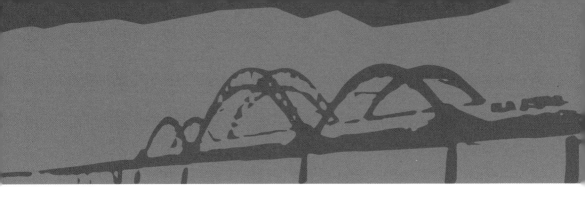

局性重大变化，站上新的历史起点。

中国科技事业的发展史，凝聚着中国共产党革命精神的力量。在百年奋斗历程中，红色基因代代相传，树立起一座座不朽的精神丰碑。我国科技工作者在爱国奋斗、创新创造中锻造升华的"两弹一星"精神、西迁精神、载人航天精神、抗疫精神等，成为中国共产党革命精神谱系的重要组成部分。在建党百年之际，中国科协组织编写了《见证百年的科学经典》一书，作为向党的百年华诞的献礼。我们走进百年科技事业发展史，走进中国科学家的精神世界，叩启他们在各个历史时期的经典作品。这些作品写于不同年代，有些甚至尘封已久，但无一例外都蕴含着力透纸背的浓烈情怀和穿越时空的精神力量；这些作品体裁、风格各异，但无一例外都展现着中国科学家"爱国、创新、求实、奉献、协同、育人"的精神追求。

"科学精神者何？求真理是已。"这是任鸿隽在1916年发表的《科学精神论》中的文字，也是"科学精神"一词首次出现在汉语中。

"吾国科学家独不能继美前贤，将老大之民族，改为精壮之民族乎？"这是近百年前秉志在《科学与民族复兴》中的发问。民族复兴，成为一代代中国科学家前赴后继的不懈追求。

"不复原桥不丈夫！"这是茅以升为阻断日军南侵之路亲

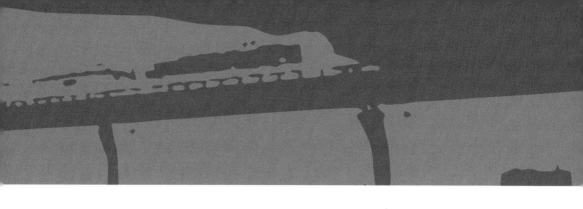

手炸毁自己主持修建的钱塘江大桥后，挥泪写下的豪迈誓言。此后他带着满满14箱建桥资料颠沛辗转，终于在新中国成立后实现了自己的誓言。

"共坚持，不忍见，山河缺。"在抗战相持阶段，沈其震受命奔赴延安，他写下一首《满江红》，表达同仇敌忾、守望相助的决心与坚守。

"无一日、一时、一刻不思归国参加伟大的建设高潮。"钱学森在《致陈叔通先生》中表达自己"心急如火"、归心似箭的心情，此时的他，历经五年周折坎坷，仍以最大决心做着归国的努力。

"一个人的名字，早晚是要消失的。"在回忆"两弹一星"往事时，于敏在《艰辛的岁月，时代的使命》中写下这样一句话。这是我国科学家精神的真实写照，他们是"干惊天动地事，做隐姓埋名人"的民族英雄。

"对国家的忠就是对父母最大的孝！"我国第一代核潜艇总设计师黄旭华，30余年不在父母身边，父亲辞世他无法在床前尽孝，母亲数十年不知他的去向。自古忠孝难两全，在黄旭华的心里：忠就是孝！

"科技顶天，市场立地。"在改革开放的大潮中，王选成为勇立潮头的先行者，他大胆提出激光照排机跨越发展的思路，闯出一条产学研相结合的创新之路，使我国印刷术"告别铅与火，迎来光与电"。

"现代化是买不来的！"这是"神威"超级计算机总设计师金怡濂刻骨铭心的感受，在饱受国际同行的轻视和防范之后，他下定决心研制中国自己的巨型计算机。

"我学会了用农民的语言和他们交谈。"这是"太行新愚公"李保国一篇发言稿里的质朴文字，他用35年踏遍青山，身体力行，"把最好的论文写在祖国的大地上"。

"让杂交水稻覆盖全球！"袁隆平潜心钻研逾一甲子，精心打造"杂交水稻"这张中国的科技名片，在《梦想靠科学实现》中，他满怀深情描绘杂交水稻惠及全球大众的美好愿景。

"'人民至上，生命至上'是中国抗疫斗争最鲜明的底色。"逆行勇士钟南山在总结抗击新冠肺炎疫情伟大胜利时，道出生命至上的人权真谛——生命权就是最大的人权！

学史明理、学史增信、学史崇德、学史力行。重读百年科学经典，回望党领导下的科技救国、兴国、富国、强国之路，这是一次思想的升华，这是一场精神的洗礼！

阖卷而思，胸怀激荡。在一篇篇科学经典的背后，是几代科学人奋斗的身影。他们，是我学生时代景仰的大师、科研工作中互诤的师友、创新路上共勉的伙伴。我和无数中国科技工

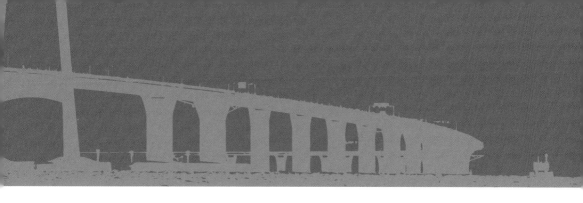

作者，在党的科技思想引领下、革命精神鼓舞下，成为以涓滴之力贡献中国科技事业的一分子，成为勠力同心书写伟大时代的一分子。共襄盛举，与有荣焉！

进入新发展阶段，党中央坚持创新在我国现代化建设全局中的核心地位，把科技自立自强作为国家发展的战略支撑，《中华人民共和国国民经济和社会发展第十四个五年规划和2035年远景目标纲要》把创新列为未来发展任务之首。我们要实现从站起来、富起来到强起来的历史性飞跃，更加迫切需要科技创新支撑与人才保障。站在"两个一百年"奋斗目标历史交汇点，把握新发展阶段，贯彻新发展理念，推动以科技自立自强支撑构建新发展格局，是时代赋予我们这一代人的光荣使命。今天的我们，当如百年征程中接续奋斗的前行者那样，胸怀"两个大局"、心系"国之大者"，把人生理想融入实现中华民族伟大复兴的时代主题，为全面建设社会主义现代化国家而不懈奋斗！

中国科协党组书记

常务副主席、书记处第一书记

2021 年 5 月

目录
C O N T E N T S

第三章　伟大变革

第四章　崭新擘画

第五章　百年梦圆

请扫描二维码聆听
《见证百年的科学经典》有声读物

第一章 梦想起航

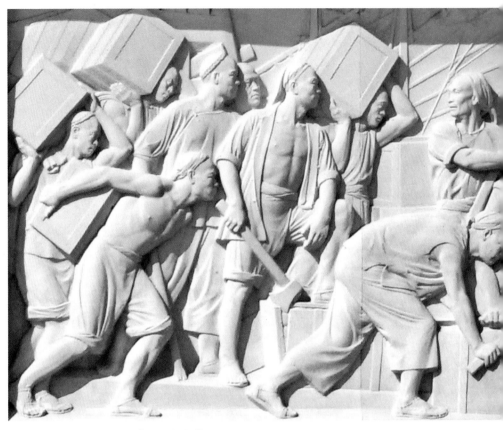

△ 人民英雄纪念碑浮雕《虎门销烟》

1840 年，鸦片战争爆发。这场持续了两年多的战争，以中国近代史上第一个不平等条约——《南京条约》的签订而宣告结束。近代中国半殖民地半封建社会的屈辱历史由此开启：一系列不平等条约的签订，180 多万平方公里❶土地的丧失……人为刀俎，我为鱼肉，中国成为列强环伺、蚕食的猎物。

---

❶ 编辑注：由于本书所收录科学经典作品涉及不同历史时期，为尊重使用习惯、保证阅读连贯性，在本书中采用"公里""公斤"等单位用法。

　　"世间无物抵春愁，合向苍冥一哭休。四万万人齐下泪，天涯何处是神州。"谭嗣同的这首七绝诗，道尽了家国倾覆、民族沦亡的悲怆。中国近代史的书页上，记录着无数仁人志士前赴后继探求救国之路的足迹，也定格下他们或孤寂落寞、或慷慨赴死的背影。救亡图存的希望在哪里？民族复兴的路在何方？

　　1914年夏天的一个傍晚，几位在美国康奈尔大学学习的中国留学生聚在任鸿隽的宿舍里，热烈地讨论着风云变幻的国际形势和远在东方的祖国的命运。他们一致认为"中国所缺乏的莫过于科学"，于是决定成立科学社，创办《科学》杂志。

1915年1月，《科学》杂志创刊号在上海出版。同年10月，以"联络同志，研究学术，共图中国科学之发达"为宗旨的中国科学社正式成立，这是中国第一个综合性自然科学学术团体。

《科学》杂志在其发刊词中开宗明义地写道："世界强国，其民权国力之发展，必与其学术思想之进步为平行线。"这是中国知识分子在近代思想史上首次明确提出将"民主"与"科学"作为改造中国社会的两大武器。

△ 科学社董事会成员

前排左起：赵元任、周仁；后排左起：秉志、任鸿隽、胡明复

△《科学》杂志创刊号封面

　　在《科学》创刊后 8 个月，《青年杂志》创刊，从第 2 卷起，《青年杂志》更名为《新青年》，《科学》与《新青年》迅速成为新学说的传播者与新思想的策源地。陈独秀在《青年杂志》创刊号中写道："国人而欲脱蒙昧时代，羞为浅化之民也，则急起直追，当以科学与人权并重。"自此，在"德先生（民主）""赛先生（科学）"旗帜的引领下，新文化运动蓬勃开展，掀起了一股生机勃勃的思想解放潮流，为马克思主义在中国的传播和五四运动的爆发奠定了思想基础。

△《科学》第 1 卷第 10 期登载的《青年杂志》创刊号广告和《青年杂志》第 1 卷第 2 号登载的《科学》广告

科学精神者何？求真理是已

△ **任鸿隽**

1916 年 1 月，任鸿隽的《科学精神论》作为《科学》第 2 卷首期的首篇文章被刊发。在此之前，不仅在中文词汇中没有"科学精神"一词，甚至在外文中也没有与之严格对应的词。"科学精神者何？求真理是已。"这一声宣告，伴随着 1919 年五四运动的爆发，激荡、回响成为广大民众的呐喊。习近平总书记在纪念五四运动 100 周年大会上的讲话中指出："五四运动以全民族的行动激发了追求真理、追求进步的伟大觉醒。"

任鸿隽　科学精神论 ❶

科学精神者何？求真理是已。真理者，绝对名词也。此之为是者，必彼之为非，非如庄子所云"此亦一是非，彼亦一是非"

---

❶ 本书对所收录文章做了节选，对译名用法进行了统一，下同。

也。世间自有真理，不可非难，如算术上之全大于分，几何上之交矩成方，是其一例；而柏拉图言人性有阐发真理之能，即以教人推证几何形体为之印证。真理之为物，无不在也。科学家之所知者，以事实为基，以试验为稽，以推用为表，以证验为决，而无所容心于已成之教，前人之言。又不特无容心已也，苟已成之教，前人之言，有与吾所见之真理相背者，则虽艰难其身，赴汤蹈火以与之战，至死而不悔，若是者吾谓之科学精神。

上言科学精神在求真理，而真理之特征在有多数之事实为之左证。故言及科学精神，有不可不具之二要素。

（一）崇实。吾所谓实者，凡立一说，当根据事实，归纳群象，而不以称诵陈言，凭虚构造为能。今夫事之是不是，然不然，于何知之，亦知之事实而已。吾言水可升山，马有五足，固无不可者。不衷诸事实，人亦安能难我。天演说与创造说，绝相冰炭也。持天演论者，上搜乎太古之化石，下求于未生之胎卵，中观乎生物之分布，证据毕罗，辙迹井然，若溯世系者，张图陈谱，而昭穆次序，不可得而紊也。而持创造说者则反是，荒诞之神话，传闻之遗词，以言证言，终无可为辩论之具，则谓创造说之不能成立，正以其无实可耳。伽利略地动之说，亦当时所疾视而思扑灭者也。顾以其手制望远镜，发明新事实，其说遂颠灭不破。其他新学说新思想之能永久成立，发挥光大者，无不赖事实为之呵护。近人有谓科学之异于他学者，一则为事实之学，一则为言说之学，此可谓片言居要矣。故真具科学精神者，未有不崇尚事实者也。

（二）贵确。吾所谓确，凡事当尽其详细底蕴，而不以模棱无畔岸之言自了是也。弗朗西斯·培根有言："真理之出于误会者，视出于瞀乱者为多。"盖"误会"可改，"瞀乱"不可医也。人欲得真确之智识者，不可无真确之观察。然非其人精明睿虑，好学不倦，即真确之观察亦无由得。

要之，神州学术，不明鬼神，本无与科学不容之处。而学子暖姝❶，思想锢蔽，乃为科学前途之大患。吾国学者自将之言曰："守先待后，舍我其谁。"他国学子自将之言曰："真理为时间之娇女。"中西学者精神之不同具此矣。精神所至，蔚成风气；风气所趋，强于宗教。吾国言科学者，岂可以神州本无宗教之障害，而遂于精神之事漠然无与于心哉。

━━━━━━━◆◇　◇◆━━━━━━━

1917 年，俄国十月革命取得胜利。革命先驱李大钊将马克思主义学说和十月革命的胜利成果介绍到中国，马克思主义阐述的社会理想在先进知识分子和青年学生中产生了强烈共鸣。1919 年，五四运动爆发。这场起自北京，以学生、工人和其他群众为先锋的反帝爱国运动，迅速蔓延至 100 多个城市，成为民众广泛参与的社会革命运动，成为新民主主义革命的开端。

随着马克思主义在中国的广泛传播及其与工人运动的日益

---

❶ 暖姝：自得、自满。

结合，建立一个以马克思主义理论为指导的工人阶级政党的任务被提上日程。1921 年 7 月 23 日，中国共产党第一次全国代表大会在上海召开，开启了中国革命道路探索的新篇章。嘉兴南湖的红船，从鸦片战争后山河破碎的沉沉暮霭中起航，承载着民族复兴的梦想，驶向朝阳初升的崭新世纪。

中国共产党从创建时起，就高度关注科技问题。早期共产党人吸收现代科学及其科学思想的营养，并将其融入到自己的世界观之中。在 1923—1924 年"科学与人生观"的论战（科玄论战）中，以陈独秀、瞿秋白、邓中夏为首的唯物史学派，不仅对丁文江、任鸿隽等科学派给予了强有力的支持，使"科学精神"进一步深入人心，并通过这场论战，为马克思主义思想在中国的广泛传播奠定了基础。

1922 年，上海大学成立。邓中夏、瞿秋白等成为校务工作的实际主持者，负责拟订上海大学章程。在他们的领导下，上海大学成为以研究社会科学和进步文艺为主的新型大学。

几乎在同一时期，任鸿隽、秉志等中国科学社创始人也开始了中国科学体制化的早期尝试。他们设立地质学、生物学研究机构，开设科学图书馆，召开学术年会，举办面向公众的科学报告会和展览会，继创办《科学》之后又创办了《科学画报》，出版论文专刊、科学丛书和科学译丛，设立科学奖金等，工作涉及科学研究、学术交流、科学教育、科学传播、科学奖励等各个环节。

1921 年，秉志在南京高等师范学校（南京大学的前身）

△ 工作中的秉志

创建了我国第一个生物系。由于经费不足，无钱购置设备，秉志就发动师生动手制作，或用土产品改装。对必不可少的仪器，他节衣缩食，省下自己的薪金去订购。所有实验和研究用的标本，都是在连续两年的暑假里，由他亲自率领学生在极其艰苦的条件下远赴浙江和山东半岛沿海采集而来的。

1922年，秉志领导筹建了我国第一个生物学研究机构——中国科学社生物研究所。研究所专刊《中国科学社生物研究所丛刊》与世界 500 余家研究机构的学术刊物互相交换，使世界生物学界对中国生物学渐有认识，为中国科学研究在世界上赢得了地位。

秉志，这位中国现代动物学的奠基人，在年过花甲之时，迎来了新中国的诞生。他满怀希望和激情，积极投身于新中国建设发展大业中。抗美援朝战争开始后，国家急需资金购买飞机大炮，秉志将自己在抗日战争前节衣缩食在南京所置的房产全部变卖捐献给国家。年逾古稀，他仍每日工作 8 小时，直到逝世的前一天，他还在中国科学院动物研究所坚持工作。在他辞世后，家人在他的一件上衣口袋中发现了一张小卡片，记录着他日日警醒自己的几句箴言。

日省六则

心术忠厚、度量宽宏，

思想纯正、眼光远大，

性情和平、品格清高。

工作六律

身体强健、心境干净，

实验勤慎、观察深入，

参考广博、手术精练。

切记切记，努力努力！

勿违勿违，勿懈勿懈！

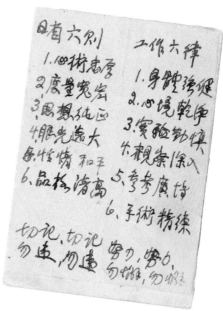

△ 秉志随身携带的小卡片

　　"吾国科学家独不能继美前贤，将老大之民族，改为精壮之民族乎？"正是这种对民族复兴的深切渴望，成为引领秉志所代表的一代科学人穷尽一生不懈追求的坚定信念。

秉　志　科学与民族复兴[1]

　　吾国贫弱，至今已极，谈救国者，不能不诉诸科学，顾科学何以能救国，科学究属何物，请为诸君一言之。

　　科学造福人生，稍有知识者，类能言之。世界各国之富强，

---

[1] 本文系作者在中国科学社生物研究所的讲稿，于 1935 年刊于《科学》杂志。

何者不由科学所致，举凡文明民族所需者，何者不由科学而来。在科学不发展之国家，天产纵极富饶，其人民无有能力利用开发，听其湮没弃置，反受饥寒交迫之忧，颠顿流离，死亡载道；而科学发展之国家，其民族乃梯山航海，探险凿空，寻富源于数万里之外，侵占攫夺囊括而已有之，将原有人民之利益，剥削净尽，亡国灭种之惨，重演叠见。观于列强之对吾国，其过去、现在及将来，今人骨颤心悸者也！故吾国今日最急切不容稍缓之务，唯有发展科学以图自救。

然吾国利用科学以复兴民族，究非难事也。试观欧、美中古时代，其政治之恶劣、经济之枯竭、宗教之黑暗、文化之堕落、人民之涂炭，有非意想所及者，然哥白尼、布鲁诺、伽利略等，奋力于科学之研究，未几遂有多数之后进，如普里斯特利、牛顿、笛卡儿等，继续奋斗，欧洲各国乃渐有进步，迨后达尔文、赫胥黎、魏斯曼辈出，欧洲已进于科学昌明之时代，其政治、实业、教育及一切设施，无不光辉日新，云蒸霞蔚，是欧洲之科学家，致力所学，影响所及，竟将欧洲改造之矣。吾国从事之科学者，若能如欧洲科学界之先河，努力奋进，其继而应响者，当不乏人，其影响所及，当较欧洲为更速。欧洲科学家能将黑暗之欧洲，改为文化灿烂之欧洲，吾国科学家独不能继美前贤，将老大之民族，改为精壮之民族乎？

百年前，从鸦片战争以来的风雨飘摇中启程，中国共产党怀抱"为中国人民谋幸福，为中华民族谋复兴"的初心、使命，踏上一条艰苦卓绝的奋斗之路。在勠力同心的砥砺前行中，以任鸿隽、秉志为代表的进步学者，在积贫积弱的国土上、在民众懵懂的内心里，点燃"科学精神"的星星之火，以对真理的不懈追求，投身于救亡图存的艰辛探索，投身于民族复兴的伟大事业。

共坚持，不忍见，山河缺

进入革命战争年代以后，共产党人对科技工作更加重视。当时的革命战争急需运用科学技术，急需提高革命队伍的科技素质，因而中国共产党所领导的科技实践活动聚焦于开展科学技术的学习、应用、普及与推广。

为适应革命战争的需要，党和苏维埃政府积极筹建医院，设立兵工厂。1927 年 10 月，井冈山根据地第一所后方医院创建于茅坪，茅坪后方医院不断发展，后来在这所医院的基础上成立了红军后方总医院。1928 年夏，红四军军械所创办于茨坪。在此后不久的黄洋界保卫战中，军械所维修的迫击炮击中敌人指挥阵地，为赢得胜利发挥了重要作用。毛泽东的《西江月·井冈山》即记录了这次胜利中的隆隆炮声。

山下旌旗在望，山头鼓角相闻。
敌军围困万千重，我自岿然不动。
早已森严壁垒，更加众志成城。
黄洋界上炮声隆，报道敌军宵遁。

在烽火连天的战争环境中，无线电通信技术无疑发挥着举足轻重的作用，毛泽东曾经赞誉无线电通信兵是"科学的千里眼、顺风耳"。1929 年冬，我党的第一座地下电台在上海创建。同年 12 月，中共南方局秘密无线电台在香港九龙建立。1930 年 1 月，沪港通报成功，在这次通报中，使用的密码是由周恩来亲自编制的"豪密"。参与我党最早地下电台创建工作的李强，在之后的斗争和学习中，成长为中共党内著名的通信专家，并于 1955 年被选聘为中国科学院学部委员。

革命根据地的经济建设，特别是农业生产，事关根据地的稳固与发展，在复杂而严峻的斗争环境中，甚至直接关系着革命事业的成败。根据地创建伊始，中央苏区政府就极为重视先进农业技术的推广，在多个地方设立农事试验场和农产品陈列所。1933 年，中央苏区创办的中央农业学校在瑞金东山寺正式开学，这是我党开办最早的农业科技教育机构。

在土地革命战争时期，党和苏维埃政府将科技知识的宣传普及作为一项重要的基础工作，积极开展移风易俗，提高人民群众的科学文化素质。毛泽东在 1933 年的《长冈乡调查》中曾有这样的记载："去年以来，老婆太敬神的完全没有了，但'叫魂'的每村还有个把两个。"在与封建迷信作斗争的同时，苏区政府还广泛动员人民群众开展卫生防疫运动，传播卫生科学知识，进行健康教育，防治传染病、流行病。一系列科学普及工作的开展，对人民群众科学素质的提升发挥了积极作用。

土地革命战争时期，在革命战争的迫切需要和根据地经济建设现实需求的驱动下，中国共产党在烽火连天的严峻、复杂环境中，领导开创了最初的科技事业。中国共产党不但重视社会的改造，而且重视自然的改造。这些艰辛但卓有成效的努力，为中国共产党科技思想雏形的确立奠定了基础，也为日后中国科技事业发展的方向确定了基调。

1931 年 9 月 18 日夜，南满铁路上一声巨响，日本关东军悍然发动九一八事变。九一八事变成为中国人民抗日战争的起点，揭开了世界反法西斯战争的序幕。

△ 1931 年 9 月 18 日夜，日本关东军自行炸毁沈阳北郊柳条湖附近的一段路轨，反诬中国军队所为，以此为借口，进攻东北军驻地北大营，炮轰沈阳城，制造九一八事变（图为日军在沈阳外攘门上向中国军队进攻）

面对深重的民族危机和国民党"攘外必先安内"的方针及"不抵抗"政策，中国共产党以民族大义为重，率先举起抗日救国的旗帜。1931 年 9 月 20 日，中共中央发出《中国共产党为日本帝国主义强暴占领东三省事件宣言》，指出日本帝国主义发动九一八事变的根源，表明坚决反对日本帝国主义侵略的鲜明立场。同日，中华苏维埃共和国中央工农革命委员会发表

《关于反对日本帝国主义强占满洲的宣言》。

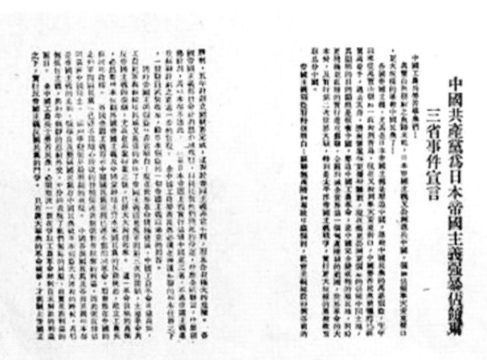

△ 1931 年 9 月 20 日中共中央发布的
《中国共产党为日本帝国主义强暴占领东三省事件宣言》

九一八事变后，中国共产党迅速担负起号召和领导全国人民抗日的历史责任，在《中国共产党为日本帝国主义强暴占领东三省事件宣言》发出之后，又陆续发表了 10 多个文件，率先提出建立抗日民族统一战线的主张，宣告中国人民与日本帝国主义血战到底的决心，号召民众团结起来，广泛开展抗日救亡运动。

1937 年 7 月 7 日，日本侵略者制造了震惊中外的"卢沟桥事变（七七事变）"，发动全面侵华战争。"卢沟桥事变"次日，中国共产党向全国同胞发出通电："只有全民族实行抗战，才是我们的出路。"生死存亡之际，在中国共产党倡导下，一个以国共两党合作为基础，以国共两党合作为中心，中国各族人民、各民主党派、各爱国军队、各阶层爱国人士以及海外华侨的抗日民族统一战线最终形成。中国人民同仇敌忾、前赴后继，奏响了气壮山河的英雄凯歌。

中国人民的抗战是正义的事业，不管战争要持续多久，情况多么险恶，最后胜利必将属于中国人民。我将和四万万同胞共赴国难。我虽一介书生，不能到前方出力，但我要和千千万万中国的读书人一起，为神圣的抗战奉献绵薄之力。

——严济慈

△ 严济慈

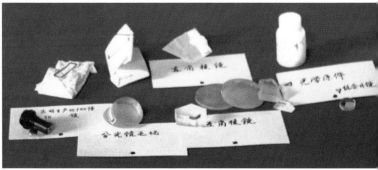

△ 严济慈在昆明领导建立的光学玻璃研磨车间及生产的光学元器件

"卢沟桥事变"爆发时，物理学家严济慈正代表中国出席在法国巴黎召开的国际文化合作会议，这是他在接受法国里昂《进步报》记者采访时说出的一段话。

会议结束后，严济慈已无法回到沦陷的北平，便取道香港到达昆明。昆明郊外黑龙潭的一座破庙成为他战时的研究场

△ 抗战期间，严济慈一家在昆明郊外黑龙潭的住所

所，在这里，他和钱临照等人投入军需品的研发工作中，并举办光学仪器制造科短期职业训练班，培养了一批年轻的光学技术人员，这些人后来成为新中国光学仪器和精密仪器制造的骨干力量。

14 年浴血抗战，一大批中国科学家、科技工作者，像严济慈一样义无反顾地与千千万万的国人一起共赴危难，在破碎的山河之上，为祖国的前途和民族的命运奉献出自己的智慧、热血乃至生命。

茅以升就是众多共赴国难的科学家中的一员，这位著名桥梁专家主持在钱塘江上建桥、炸桥、复桥的传奇故事，成为抗日战场上中国科学家所展现的家国情怀、民族气节的真实写照。

"泪水顺着父亲的眼角淌了下来。他转过身来到桌前，愤然挥笔写下了八个大字：抗战必胜，此桥必复。"这是茅玉麟回忆父亲茅以升亲手炸毁其主持修建的钱塘江大桥后的情景。

钱塘江大桥是中国第一座公路铁路两用现代大桥。1934年，在茅以升受命建造钱塘江大桥时，日寇已侵占我国东北，觊觎华北乃至全中国。茅以升在《钱塘江建桥回忆》中写道：

当"八一三"上海抗战开始时，江中正桥桥墩还有一座未完工，墩上两孔钢梁无法安装。然而燎原战火，则已迫在眉睫，整个大桥工地，已经笼罩在战时气氛之中。所有建桥员工，同仇敌忾，表示一定要使大桥早日通车，为抗战做出贡献。奋斗结果——大桥在一个半月的极短时间内居然通车了。

△ 用浮运法架设钱塘江大桥钢梁

△ 从北岸引桥对面拍摄的大桥全景

△ 满载难民和战略物资的列车通过大桥驶向大后方

1937 年 9 月 26 日，钱塘江大桥铁路桥面正式开通。伴随着汽笛的长鸣，一列列满载军需物资的列车呼啸驶过钱塘江大桥支援前线。11 月 8 日，上海失守，杭嘉湖等地的难民越来越多地涌入杭州，等待过江。11 月 17 日，钱塘江大桥公路桥面开通，当天即有 10 多万名难民从大桥上通过。然而撤退的人群万万没有想到，在这座救命的大桥下面，其实已埋好了 1040 公斤随时可以起爆的炸药。原来在 11 月 16 日下午，茅以升已做好炸毁钱塘江大桥以阻断日军南侵的准备。茅以升后来在回忆录中感慨万分地写道："公路桥公开放行的第一天，桥下就埋上了炸药，这在古今中外的桥梁史上，可算是空前的了！"

1937 年 12 月 23 日下午 5 点，当最后一批难民涌过桥后，已隐约可见有敌骑来到对岸桥头。望着凝聚着自己梦想与追求、智慧与汗水的钱塘江大桥，茅以升断然下达了起爆的命令。在世界桥梁史上，自己建桥自己炸，极为罕见，茅以升自述心情"就像亲手掐死自己的儿子"。他愤然写下"抗战必胜，此桥必复"八个大字，并作诗《别钱塘三首》以明志。

△ 1937 年 12 月 23 日，钱塘江大桥被炸断

茅以升　别钱塘三首

其　一

钱塘江上大桥横，众志成城万马奔。

突破难关八十一，惊涛投险学唐僧。

其　二

天堑茫茫连沃焦，秦皇何事不安桥。

安桥岂是干戈事，同轨同文无浪潮。

其　三

斗地风云突变色，炸桥挥泪断通途。

五行缺火真来火，不复原桥不丈夫。

　　茅以升在当年 12 月 31 日的日记中写道:"桥虽被炸,然抗战必胜,此桥必获重修,立此誓言,以待将来。"他将建桥的图纸等各种资料,装了满满 14 箱。此后他带着这 14 箱资料颠沛流离,辗转数省,像保护生命一样保护着它们。有一次他住的地方遭到敌机轰炸,房屋中弹起火,他带领工作人员冲入火海,抢出了那 14 箱资料。他坚信,钱塘江大桥总有一天能修复,这 14 箱资料一定能派上用场。

　　这一天终于盼来了。1945 年 9 月 2 日,日本无条件投降。

△ 今日的钱塘江大桥

1946 年春，茅以升带领桥工处的工作人员和精心保护下来的14 箱资料，回到了战后的杭州，开始了钱塘江大桥的修复工作。1953 年 6 月，钱塘江大桥终于被完全修复。这座经历了抗战烽火考验的大桥又以壮美的雄姿矗立在钱塘江上，开始为新中国的建设贡献自己的力量。

作为世界反法西斯战争的东方主战场，中国为世界反法西斯战争胜利做出了巨大贡献，也付出了巨大牺牲。抗日战场上的中国科学家，义无反顾地投身于这场民族解放斗争，留下一曲曲壮怀激烈的英雄之歌。

抗战爆发后，地质学家丁文江等迅速投入备战、勘察战略资源。1936 年 1 月 5 日，49 岁的丁文江在湖南勘察时因煤气中毒去世。

从日本留学回国的病理学家殷希彭两度严词拒绝日方提出的出任伪职的邀请，自己雇上马车前往晋察冀边区培训战地医务人员。他的两个儿子先后在战斗中牺牲，他心中的悲伤无法言喻，却反而安慰前来慰问他的同志："国难之中，两个儿子为抗日救国牺牲，他们光荣，我也光荣。我只有加倍努力工

△ 1942 年，殷希彭（左一）在白求恩卫生学校

△ 殷希彭指导学生做研究工作

作，才是对他们的最好纪念。"

同样怀着如山的父爱，在儿子参军前，竺可桢于 1938 年
1 月 15 日写下这样的日记："希文坚欲赴中央军校。余以其眼
近视，于前线带领兵士不相宜，且年过幼，而该班乙级只六个
月毕业，于学识方面所得无几，故不赞同其前往……余亦不能
不任希文去，但不禁泪满眶矣。"

国将不国，何以为家？作为父亲的竺可桢，纵有千般不
舍，也要含泪送子奔赴战场。作为校长的竺可桢，在 1939 年
对浙江大学一年级新生的讲话中，同样以"要有牺牲自己、努
力为公的精神"，作为对这些"未来领袖"的诚勉。

竺可桢　求是精神与牺牲精神 [1]

人生由野蛮时代以渐进于文明，所倚以能进步者全赖几个先觉，就是领袖；而所贵于领袖者，因其能知众人所未知，为众人所不敢为。欧美之所以有今日的物质文明，也全靠几个先知先觉，排万难冒百死以求真知。

在 16 世纪时，欧美文明远不及中国，这不但从中世纪时代游历家如马可·波罗到过中国的游记里可看出，就是现代眼光远大的历史家如威尔斯，亦是这样说法。中世纪欧洲尚属神权时代，迷信一切事物为上帝所造，信地球为宇宙之

△ 竺可桢（杜爱军/绘）

---

[1] 节选自竺可桢于 1939 年 2 月 4 日对浙江大学一年级新生的讲话。

中心，日月星辰均绕之而行。当时意大利的布鲁诺倡议地球绕太阳而被烧死于十字架；物理学家伽利略以将近古稀之年亦下狱，被迫改正学说。但教会与国王淫威虽能生杀予夺，而不能减损先知先觉的求是之心。结果开普勒、牛顿辈先后研究，凭自己之良心，甘冒不韪，而真理卒以大明。19 世纪进化论之所以能成立，亦是千辛万苦中奋斗出来。当时一般人尚信人类是上帝所造，而主张进化论的达尔文、赫胥黎等为举世所唾骂，但是他们有那不屈不挠的"求是"精神，卒能得最后胜利。

所谓求是，不仅限为埋头读书或是实验室做实验。求是的路径，《中庸》说得最好，就是"博学之，审问之，慎思之，明辨之，笃行之"。单是博学审问还不够，必须慎思熟虑，自出心裁，独著只眼，来研辨是非得失。既能把是非得失了然于心，然后尽吾力以行之，诸葛武侯

△ 竺可桢题写的"求是精神"手迹

所谓"鞠躬尽瘁，死而后已"，成败利钝，非所逆睹。

国家给你们的使命，就是希望你们每个人学成以后将来能在社会服务，做各界的领袖分子，使我国家能建设起来成为世界第一等强国，日本或是旁的国家再也不敢侵略我们。

你们要做将来的领袖，不仅求得了一点专门的知识就足够，必须具有清醒而富有理智的头脑，明辨是非而不徇利害的气概，深思远虑、不肯盲从的习惯，而同时还要有健全的体格，肯吃苦耐劳、牺牲自己、努力为公的精神。

中国现在的情形，很类似19世纪初期（被拿破仑灭国）的德意志。爱国志士费希特在其对德意志民众的演说中有云："历史的教训告诉我们，没有他人，没有上帝，没有其他可能的种种力量，能够拯救我们。如果我们希望拯救，只有靠我们自己的力量。"

诸位，现在我们若要拯救我们的中华民族，亦唯有靠我们自己的力量，培养我们的力量来拯救我们的祖国。

在抗日民族统一战线的旗帜下，中国科学家为赢得反法西斯战争的胜利、争取民族解放，勠力同心、团结协作，留下一段段可歌可泣的动人故事。

抗战时期中国战地救护体系的建立和完善，离不开中国现代生理学奠基人林可胜的贡献。这位协和医学院历史上的首位华人教授，在抗日战争爆发后毅然投笔从戎，凭借自己的声望和影响，组织了全国700多位医护人员奔赴抗战前线。

当时，以医院为战地救护中心的救护理念宣告失败。危急之际，林可胜提出在红十字总会设立一个经常性的救护组织，不再另行筹建医院，而以流动救护队作为救护单位。"流动救护队"的救护理念首次应用于中国战场，就取得了良好的成效。救护总站先后派遣100多个救护队分赴各地，包括延安、太行、太岳、江西、皖南等共产党领导的敌后抗日根据地，足迹遍布全国。

新四军第一任卫生部部长沈其震，曾经师从林可胜，并在后者的帮助下为新四军招募医务人员、筹集医疗物资。沈其震主持在皖南建立了新四军的第一批前方医院、后方医院，建立起装备相当齐全的手术室、X射线室、化验室、药房等。医院的医疗效果很好，受到周恩来和一些中外人士的高度赞扬。1943年，沈其震被调到延安任中共中央军委卫生部第一副部长。

在沈其震等奔赴延安的前夕，陈毅写下"太行山上辞残雪，延安城头望柳青"的诗句，为其送行。沈其震以一首《满江红》应答，"共坚持，不忍见，山河缺"，道出了同仇敌忾、守望相助的决心与坚守。

沈其震　满江红

夜色暝暝天欲曙，征尘未歇。

将走尽，恼人长路，霜凝似雪。

百里宵行除旧岁，愁云一扫悬明月。

唉晴空，北雁又南飞，声凄绝。

穿封锁，探虎穴，肩相摧，履相接。

共坚持，不忍见，山河缺。

谋国宁辞汤与釜，匡时应呕心和血。

任凭它，敌后尽周旋，堪蹉跌。

抗日战争时期，大批科学家、科技工作者奔赴延安，投身于火热的革命事业。在革命根据地，为打破封锁，发展经济，壮大革命力量，中国共产党领导开展了一系列科技实践活动，形成了具有鲜明中国特色和深刻时代特点的马克思主义科技思想。这不但是我党新民主主义革命理论的重要组成部分，而且是新中国成立以后党和国家科技思想及科技政策的主要源头。

延安时期，共产党人对科学有了更为系统的认识，"科学"一词除了指正确反映自然和社会规律的知识，还包括科学方法、科学态度和科学精神。中国共产党提出了"民族的、科学的、大众的"这一新民主主义文化纲领。共产党人对科学技术的伟大功能有了透彻的认识和理解。毛泽东在边区自然科学研究会成立大会上指出："自然科学是人们争取自由的一种武装。"

中国共产党根据革命战争和根据地建设的需要，阐述了科技发展的一系列基本方针，并制定了相应的政策：

强调科技发展要以适应边区生产建设和军事斗争需要为目的；

主张走大众化的人民科学发展道路；

重视科技人才的引进、培养和使用；

强调科技事业各部门的协调合作和集中统一领导。

在上述方针、政策的指导下，中国共产党在各边区领导开展了一系列轰轰烈烈的科技实践活动。

各抗日根据地相继建立了延安自然科学院、中国医科大学、华中医学院等科技教育机构，组织成立了陕甘宁边区自然科学研究会、晋察冀边区自然科学界协会、苏北解放区自然科学协进会等科学团体。学习、运用先进科学技术，发展提升工农业生产，成为各边区社会经济建设的基本内容。在陕甘宁边区，仅 1938—1944 年创办的纺织、造纸、制毯、皮革、制药、印染、被服、化工、火柴、陶瓷、玻璃、酒精、绩麻、精盐、炼铁、工具、农具等工厂就有近百个。

△ 大生产运动

1940 年，边区政府组织多家单位联合对边区的森林资源做综合考察，考察报告建议开发一个叫"烂泥洼"的地方，受到中央的高度重视。随后，八路军三五九旅开进，在烂泥洼开展了轰轰烈烈的大生产运动，使烂泥

△ **今日南泥湾**

洼蜕变成有"陕北好江南"之称的南泥湾。

1943 年"五一"劳动节，陕甘宁边区工厂厂长暨职工代表会议召开，表彰了李强、沈鸿、钱志道、陈振夏等劳动英雄。毛泽东亲自为他们每个人题了词，表彰他们为边区开展的大生产运动注入新的活力。

曾经参与创建我党最早地下电台的李强，在延安投身于军工企业的创办工作。当时的条件极为艰苦，缺少原料，就用铁路上的道轨代替；没有铜，就让前线战士收集废子弹壳，运到后方，再装上子弹头；没有专用设备，就用手工加工。终于在 1939 年 4 月 25 日生产出陕甘宁边区第一支七九步枪，又名

"无名氏马步枪"，这也是我军军工史上自己制造的第一支步枪。毛泽东为李强题词"坚持到底"。

上海沦陷后奔赴延安的沈鸿，将自己一行带到延安的车床、钻床等机械装备与延安的小兵工厂的设备合并，建起了陕甘宁边区机器厂。以此为基础，沈鸿等人开始制造出一些适合边区条件的、易于搬迁的新型"母机"，并用这些"母机"又制造出了各种机器，如印刷厂的油墨机、纸厂的造纸机、制药厂的压片机、煤油厂的炼油设备等，还设计生产了延安第一台造币机。毛泽东为沈鸿题词"无限忠诚"。沈鸿为延安带来了现代工业的活力，延安也成为培育他成长为一名出色工程师的沃土。新中国成立后，沈鸿担任总设计师设计制造了我国第一台12000吨自由锻造水压机，他于1980年当选为中国科学院学部委员。

钱志道是陕甘宁边区基本化学工业和我国现代国防工业的开拓者之一。山西沦陷后，钱志道辗转来到延安参加革命。面对延安边区地瘠民贫、毫无工业基础的困境，他毅然放弃自己所专攻的理论化学，把所学的化学知识用到边区亟待发展的基本化学工业上来：他主持设计和安装的硫酸、硝化甘油、硝化棉等工艺装置达到了当时国内最先进的水平。在他的研究指导下，延安化学厂成功制出了氯酸钾，不仅解决了军火上的大问题，同时使火柴制造也得到了重要原料。《解放日报》以"模范工程师钱志道同志创立边区基本化学工业"为题，介绍了他的先进事迹。毛泽东为钱志道题词"热心创造"。

时任陕甘宁边区石油厂厂长的陈振夏，早年便是一个工程师和革命者。1938 年，陈振夏来到边区石油厂工作，成为中国共产党领导下的石油战线上的第一任厂长。在艰苦卓绝的战争年代，陈振夏艰苦创业，忘我劳动，与工人和技术人员一起攻克生产难关，先后开发 10 口新油井，修复 2 口旧油井，提炼出汽油、灯油、柴油、润滑油等大量产品，为八路军和边区人民提供了军需产品和民用产品。毛泽东为陈振夏题词"埋头苦干"。

抗战时期，中国共产党领导下的各边区在将科学技术充分运用于军工生产、医药卫生、经济建设等领域的同时，对科学知识和科学思想的宣传普及也丝毫没有放松。各边区的科学团体和广大科技工作者积极响应党的号召，在科普宣传方面做了大量工作。当时的《新中华报》《解放日报》《晋察冀日报》等都是科学宣传的主阵地。仅从 1941 年 10 月到 1943 年 3 月，《解放日报》上的"科学园地"专栏就发表科普短文达 190 篇。

△《解放日报》上的"科学园地"专栏

边区还注重通过纪念科学巨匠来传播科学思想。1942 年是伽利略逝世 300 周年，1943 年是牛顿诞辰 300 周年，延安等地开展了丰富多彩的纪念活动。

延安时期中国共产党的科技思想对新中国的科技思想和科技政策有着广泛而深远的影响，那时候我党形成的有关科学技术的性质、功能、价值等方面的认识，一直延续至今。新中国成立后我们党的科技发展方针与延安时期的发展方针也是一脉相承的，这体现在强调科技为现实服务、注重科技工作的协作与统一领导、关注科技人才的培养和使用等各个方面。延安时期广大科技工作者在党的领导下，不畏艰难、乐于奉献、勇于攀登科学高峰的精神，也成为我党科技思想的宝贵遗产，得以代代传承。

多艰民主业，修远和平程

在抗战烽火中，有一支特殊的队伍，他们在中国的大地上，由东向西，完成了一次史诗般波澜壮阔的文化大迁徙。这次赓续中华文脉的迁徙被誉为"教育长征"，这支队伍，就是由北京大学、清华大学、南开大学合组的西南联大。

1937 年，"卢沟桥事变"爆发，7 月下旬，平津沦陷。为保存中国的教育、文化力量，内地、沿海高校相继迁往大后方。北京大学、清华大学、南开大学迁往长沙，合组长沙临时大学，于 1937 年 11 月 1 日开始上课。12 月，南京沦陷，仅维持了 4 个月的长沙临时大学被迫再度西迁。

西迁之路，道阻且长。吴征镒是当年西迁时湘黔滇步行团教师辅导团 11 名成员中的一员，他在回忆西南联大的作品《长征日记》中，留下对这段旅途的珍贵记录：

十一日，阴而不雨，路滑难行。荒坡草高如人。十二时至盘江，铁索桥康熙时落成，今春三月间断坏。今只能用小划渡江。小划狭长仅容五六人，头尖尾截。桨长柄铲形，两人前后划之。乘客都须单行蹲坐舟中，两手紧紧扶舷，不得起立乱动。舟先慢行沿岸上溯，近桥时突然一转，船顺流而下势如飞鸟。将到岸时，又拨转上溯。船在中流时，最险亦最有趣，胆小者多不敢抬头。二十五里至哈马庄，山顶小村，水菜无着，时已五点，临时议宿安南。于是又走了十八里，到了小城街上，卖炒米糖泡开水的小贩被抢购一空。同学一大群如逃荒者，饥寒疲惫。

△ 1938 年湘黔滇步行团途经桃源渡口，立者右起李继侗、闻一多、吴征镒

△ 步行团途经湖南沅陵丘陵地区农家

△ 步行团队员与贵州苗族同胞留影

△ 步行团登盘山赶路

赶路已是如此艰难，然而赶路却还不是步行团的唯一任务。行军途中，每个同学的背上挂着一块纸板，上面写满英文单词，供走在后面的同学学习。记住了这块纸板上单词的人，可以走到另一位同学的后面，再学另一块纸板上的单词。几十天的行军中，学生们就这样学习了几千个英文单词。

每位学生还被要求在到达昆明后写出千字以上的调查报告，因此在行军途中，师生们不放过任何一次开展教学的机会：中文系学生根据路上所见所闻，写成了《西南采风录》一书；地质学家袁复礼一路都在不停地敲石头，向学生讲述地质地貌；经过矿区时，曾昭抡和理工学院的同学指导了当地的矿工冶炼。

吴征镒沿途带领学生采集了许多植物标本，其中有很多是北大、清华和南开从未收藏过的。到达昆明后，他又和熊庆来之子熊秉信同行考察，仅围绕昆明郊区各村镇进行一个月调查，就认识到 2000 多种昆明植物。云南这个植物王国，令吴征镒深感震撼，从那时起，他的学术生涯与云南结下不解之缘。20年后，已经成为中国科学院学部委员的吴征镒毅然从北京举家南迁，定居昆明，出任中国科学院昆明植物研究所所长。在这里，吴征镒做出许多开创性工作，他是中国植物学家中发现和命名植物最多的一位，改变了中国植物主要由外国学者命名的历史。吴征镒荣获 2007 年度"国家最高科学技术奖"。

"结茅立舍、弦歌不辍"，这是今天人们在谈起西南联大时，用得最多的词汇。在建筑大师梁思成亲自设计的茅草房

△ 西南联大校舍

△ 西南联大校门

校舍里，西南联大师生克服了许多难以想象的困难，坚持教学育人，开展科学研究。

△ 周培源和他的坐骑"华龙"

偏居一隅的昆明也经常遭遇日本飞机的轰炸，因此携带家眷的教授、学者们只好分散在距离昆明较远的山村居住。周培源的住地离学校有数十里之遥，为了解决交通问题，他买了一匹马作为坐骑，并为它取名"华龙"。周培源骑马上课，风雨无阻，从未迟到，也因此而得名"周大将军"。

△ 西南联大遭日机轰炸

在西南联大数学系任教的华罗庚，刚开始，一家 6 口与闻一多一家 8 口合住在一间不到 20 平方米的厢房里。后来由于实在拥挤不堪，华罗庚只好在西郊普吉附近找了个牛圈租住。在这样的条件下，在1938—1945 年短短

△ 华罗庚一家在西南联大

几年间，华罗庚为世界数学开创了一门新学科——矩阵几何学，攻克了10多个世界数学史上的难题，写出了《堆垒素数论》和《数论导引》两本专著和数篇论文。

"国家最高科学技术奖"获得者刘东生曾经这样描述西南联大往事：尽管当时日本军力很强，且来势汹汹，但西南联大师生都坚信，日本人一定会失败，国家今后一定需要有知识的人才，所以即便在非常困难的条件下，也要用功读书。

在滇8年，西南联大在极度艰苦的环境中鼎力治学，为国育才。从西南联大先后走出了王希季、邓稼先、朱光亚、杨嘉墀、陈芳允、赵九章、郭永怀、屠守锷8位"两弹一星"功勋奖章获得者，黄昆、刘东生、叶笃正、吴征镒、郑哲敏5位"国家最高科学技术奖"获得者，175位院士，宋平、王汉斌、费孝通、彭珮云、周培源、华罗庚、朱光亚、钱伟长、孙孚凌9位党和国家领导人。

习近平总书记在考察调研西南联大旧址时，深有感触地说：

国难危机的时候，我们的教育精华辗转周折聚集在这里，形成精英荟萃的局面，最后在这里开花结果，又把种子播撒出去，所培养的人才在革命、建设、改革的各个历史时期都发挥了重要作用。这深刻启示我们，教育要同国家之命运、民族之前途紧密联系起来。为国家、为民族，是学习的动力，也是学习的动机。

西南联大不仅在科研和学术方面走在时代前列，也被誉为"民主堡垒"。西南联大爱国民主运动是在中共联大地下党组织领导下进行的，朱光亚、吴征镒等都成为在政治上向共产党靠拢的进步知识分子。

1945年9月2日，标志着第二次世界大战结束的日本投降签字仪式，在停泊在东京湾的"密苏里号"主甲板上举行。世界反法西斯战争迎来最终的胜利，中国人民迎来民族的解放。然而，在中国大地上的民主进程，依然在黎明前的黑暗中徘徊。

1946年7月11日，进步民主人士李公朴被国民党特务杀害。7月15日，在李公朴追悼大会上，闻一多拍案而起，慷慨激昂地发表了著名的《最后一次演讲》："我们有这个信心：人民的力量是要胜利的，真理是永远存在的！""我们不怕死，我们有牺牲精神，我们随时准备像李先生一样，前脚跨出大门，后脚就不准备再跨进大门！"当日，闻一多在返家途中遭遇国民党特务伏击，不幸遇难。

当时已成为中共党员的吴征镒，在听到闻一多遇害的消息后，悲愤难当，写下悼念诗文《哭浠水闻一多师五章》。为了躲开特务的耳目，诗作大量引用古奥的《诗经》《离骚》等古诗辞赋，在闻一多追悼会上张贴，会后随即被销毁。

吴征镒　哭浠水闻一多师五章

内美重修能[1]，分明剧爱憎。胸怀三伏炭，节操一壶冰[2]。

白璧何由玷？苍鹰不避矰[3]。惊心尸谏[4]地，忙煞几青蝇[5]?

九死犹未悔[6]，先生小屈原。彼伧施鬼蜮[7]，我血荐轩辕[8]。

得路由先导[9]，危身以正言[10]。大江流众口[11]，浩荡出荆门。

清时期北归[12]，往事记西征[13]。南国空魂魄，中原有斗争[14]。

多艰[15]民主业，修远[16]和平程。凶器[17]销当净，哀黎死事生[18]。

主义虚兼爱，人身失自由[19]。千夫杂醉醒，一世际沉浮。

宁碎常山舌[20]，甘为孺子牛[21]。民生荃不察[22]，天地哭声稠。

暗夜风雷迅，前军落大星[23]。轻生凭胆赤，赴死见年青。

大法无纲纪，元凶孰典刑[24]?边城皆带甲[25]，薤露上青冥[26]。

【注释】

1.《离骚》："纷吾既有此内美兮，又重之以修能。"指先生的纯洁心灵和多种学问才能。

2. 王昌龄《芙蓉楼送辛渐》："一片冰心在玉壶。"

3. 矰，是古代用来射鸟的拴着丝绳的短箭，喻指先生坚持真理，维护正义，不怕被陷害。

4. 尸谏，《韩诗外传》卷七："昔者卫大夫史鱼病且死，谓其子曰：'我数言蘧伯玉之贤而不能进，弥子瑕不肖而不能退；为人臣生不能进贤而退不肖，死不当治丧正堂，殡我于室足矣。'卫君问其故，子以父言闻。君造然召蘧伯玉而贵之，而退弥子瑕。徙殡于正堂，成礼而后去。生以身谏，死以尸谏，可谓直矣。"后谓臣下以死谏君。《后汉书·虞诩传》："臣将从史鱼死，即以尸谏耳。"

5.《诗经·小雅·青蝇》："营营青蝇止于樊，恺悌君子，无信谗言！"又有"白璧青蝇"成语，比喻善恶忠佞，典出陈子昂《胡楚真禁所》诗："青蝇一相点，白璧遂成冤。"当时还有少数文化特务，为反动的血腥暴行打掩护，并污蔑先生的人格。

6.《离骚》："亦余心之所善兮，虽九死其犹未悔。"

7. 伧，粗俗。讥人粗俗鄙贱。鬼蜮，指暗中害人的鬼怪，这里指特务的刺杀阴谋。

8. 鲁迅《自题小像》："寄意寒星荃不察，我以我血荐轩辕！"

9.《离骚》："乘骐骥以驰骋兮，来吾道夫先路！"又："彼尧舜之耿介兮，既遵道而得路。"

10.《楚辞·卜居》："宁正言不讳以危身乎。"

11.《国语·周语》："为川者，决之使导；为民者，宣之使言。"指不让人民说话，必有大害。又曰："众心成城，众口铄金。"比喻团结一致，力量强大。

12. 司空曙《贼平后送人北归》："世乱同南去，时清独北还。"

13. 吴征镒在湘黔滇征旅之途初见闻师。

14. 杜甫《前出塞九首》："中原有斗争，况在狄与戎。"这里借指抗战后的国共斗争。

15."多艰"典出《离骚》："长太息以掩涕兮，哀民生之多艰。"

16."修远"典出《离骚》："路曼曼其修远兮，吾将上下而求索。"

17. 凶器，兵器。老子《道德经》："兵者不祥之器。"

18. 司马迁《史记·吴太伯世家》："哀死事生，以待天命。"这里"哀黎"指闻一多为民主和平而死，虽死犹生。

19. 揭露国民党反动派假三民主义之名，施暴镇压爱国民主人士。

20. 文天祥《正气歌》："为颜常山舌。"唐代安禄山叛乱，常山太守颜杲卿因城陷被俘，骂不绝口，禄山割其舌，问："复能骂否？"杲卿乃不屈而死（见《新唐书·颜杲卿传》）。后以"常山舌"指其事，为宁死不屈之典。

21. "孺子牛"出自《左传·哀公六年》齐景公"为孺子牛而折其齿"的典故，原意指对子女过分疼爱。鲁迅《自嘲》："横眉冷对千夫指，俯首甘为孺子牛。"后句比喻心甘情愿为人民大众服务。这里喻指闻一多的气节。

22.《离骚》："长太息以掩涕兮，哀民生之多艰。"又"荃不查余之中情兮，反信馋以齑怒。"

23. 杜甫《故武卫将军挽歌三首》："严警当寒夜，前军落大星。"后句喻武将军逝世。

24. 元凶，罪魁祸首。典刑，掌管刑罚。《汉书·叙传下》："释之典刑，国宪以平。"两句意思为：国民党特务无法无天，罪魁祸首，谁来惩罚？

25. 杜甫《送远》："带甲满天地，胡为君远行。"前句写兵荒马乱之时，到处是兵士。这里"皆带甲"喻指特务横行。

26. 薤（xiè），植物名；《薤露》，汉代挽歌："薤上露，何易晞。露晞明朝更复落，人死一去何时归。"青冥，青苍幽远之天。《楚辞·悲回风》："据青冥而摅虹兮，遂儵忽而扪天。"王逸注："上至玄冥，舒光耀也。所至高眇不可逮也。""薤露上青冥"，表示悲愤哀思景仰高远。

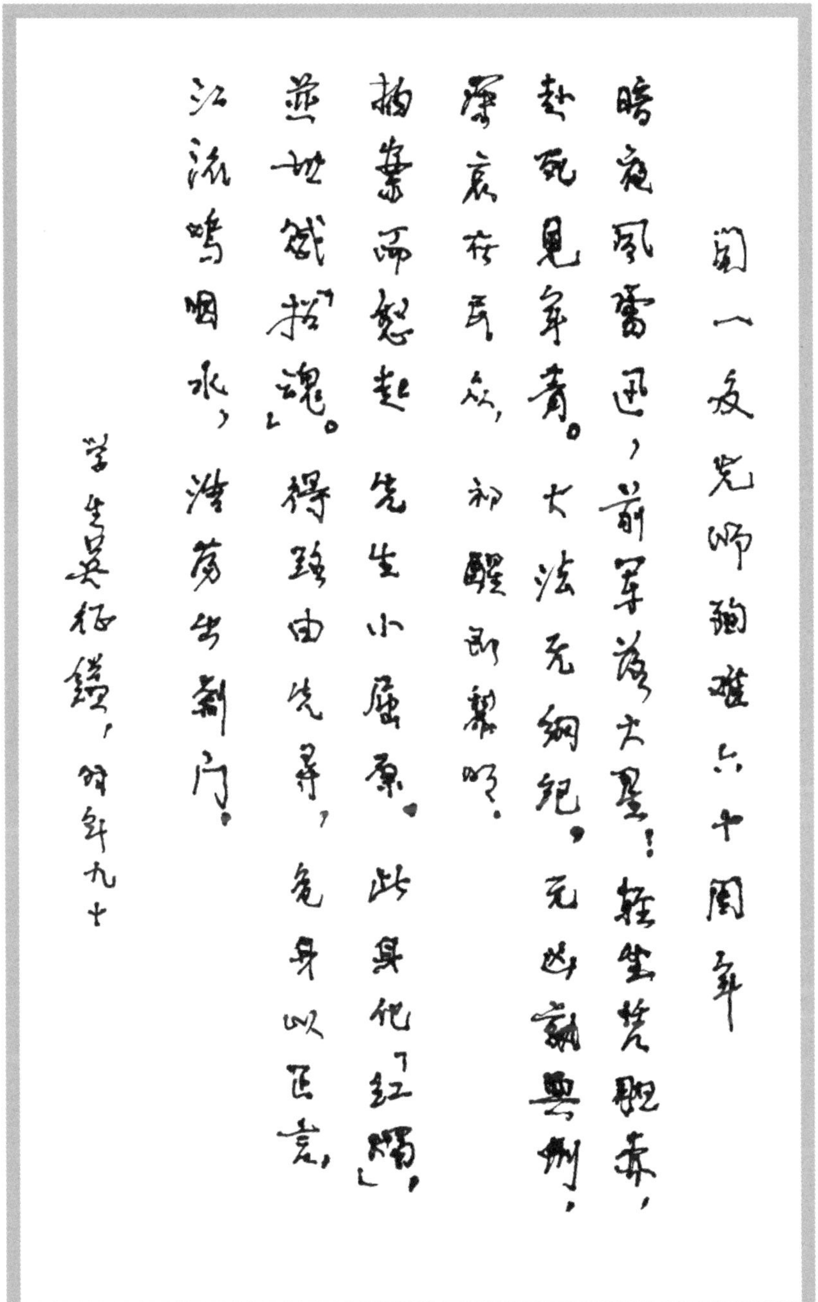

闻一多先师殉难六十周年

暗夜风雷迅，前军裹没大星！
赴死见年青。大法无纲纪，元凶虽毙州，
举哀在民众，初醒即犁明。
拍案而怒起，先生小屈原，此身化"红烛"，
燕地戌招魂。得路由先导，免身以匡亮，
江流鸣咽水，清荷牛剃门。

学生吴征镒，时年九十

△ 纪念闻一多殉难 60 周年，吴征镒为《闻一多拍案颂》书写的题词

随着解放战争进程的逐渐深入和全国解放的日益切近，中国共产党领导的科技实践活动取得更为系统、稳定的发展，并为新中国的成立和建设做着思想、制度、人才和物质上的准备。

1945 年 11 月 13 日，《晋察冀日报》发表的社论指出："我们都深切痛惜中国科学技术落后，要建设繁荣富强的新中国，必须提高科学技术。"中央和各解放区制定颁布了一系列决议和指令，提出了一系列学习科技知识和应用推广科学技术的方针政策。1948 年 7 月，中共中央发出《关于争取和改造知识分子及对新区学校教育的指示》，指出争取和改造知识分子是我党目前的一项重大任务。

在抗战时期相关政策基础上，各解放区进一步出台了更为完善的科技优待及奖励法规。例如，晋察冀边区公布了《奖励技术发明暂行条例》和《奖励科学发明暂行条例》，华北人民政府颁布了《华北区奖励科学发明及技术改进暂行条例》。这些政策的出台和实施，极大地调动了广大科技人员的积极性、主动性和创造性，成为发展人民科技事业的强大动力和制度保障。

解放战争时期，工农业、医疗卫生等事业得到进一步发展。面对新的战争态势，人民军工部门及时转向研制重武器、攻坚型武器，为战略决战的胜利奠定了基础。1949 年 5 月 1 日，当时解放区最大的综合性农业科研机构——华北农业科学研究所成立，被誉为"边区农业大管家"的陈凤桐出任所长。

特别值得一提的是，当时的东北解放区已开始试办国营机械化农场，在科学技术的运用推广与国有化、集体化运动结合方面进行探索。

中国的新民主主义革命即将迎来胜利的曙光。在新民主主义革命时期，中国共产党对科技问题的重视以及对科技工作的领导贯穿始终，中国革命史是一部党领导人民既改造社会，同时也改造自然的奋斗史，党领导下的科技实践活动是整个新民主主义革命伟大实践的重要组成部分。党在这一时期形成的科技思想、重视科学技术的光荣传统和开展科技实践活动的宝贵经验，为新中国科技事业的发展奠定了坚实的基础。

"天若有情天亦老，人间正道是沧桑。"中国共产党在"为中国人民谋幸福，为中华民族谋复兴"的征途上开启了历史的新纪元，一个崭新的中国将傲然屹立在世界的东方！

屠呦呦　我有一个希望

黄旭华　对国家的忠就是对父母最大的孝

顾方舟　一生一事

周培源　对综合大学理科教育革命的一些看法

第二章 中流击水

在战火中诞生的新中国，民生凋敝，百废待兴，恢复和发展经济对科技事业发展提出迫切要求。新中国的科技事业同样面临着艰难的课题：新中国成立时，全国科技人员不足5万人，其中专门从事科研工作的人员仅600余人，科学研究机构仅有30多个，科研条件极为落后。

中国共产党从我国实际出发，提出了"人民科学观""向科学进军""重点发展，迎头赶上""百家争鸣，百花齐放""自力更生为主，争取外援为辅"等科技发展思想。在这些科技发展思想的指导下，中国共产党组织实施了一系列科技实践活动。

1949年11月，中国科学院建立。1955年6月，中国科学院学部成立。各地根据本地实际情况，迅速恢复、调整、建

△ 中国科学院学部成立大会于1955年6月1日至10日在北京召开

立起当地的研究机构。与此同时，中央人民政府决定"以培养工业建设人才和师资为重点，发展专门学院，整顿和加强综合性大学"，对全国高等院校及所属院系进行大规模调整。科技社团也在新中国科技体系建设中发挥了重要作用，1950 年 8 月，中华全国自然科学工作者代表会议在北京召开，会议决定成立中华全国自然科学专门学会联合会和中华全国科学技术普及协会。新中国的国家科技体系初步建立起来。

△ 1950 年 8 月，中华全国自然科学工作者代表会议在北京召开

新中国的建设对科技人才的需求极为迫切，在对服务于旧中国科学技术机构和教育机构的知识分子实行留用政策的同时，党和政府尽最大努力争取海外专家归国，并着力培养新一代科技人才，新中国的科技人才队伍逐渐壮大。

在"向科学进军"的科技思想指导下，新中国启动了第一个科技远景规划的制订工作。1956 年 1 月，中共中央召开关于知识分子问题的会议，为中国第一个科学技术发展远景规划的制订和实施做了总动员。3 月，负责规划制订工作的国家科学规划委员会成立，制订工作正式开始。8 月下旬，《1956—1967年科学技术发展远景规划纲要》，在经过讨论和修正后，由中共中央和国务院批准执行。规划配合国民经济和社会发展的需求，确定了"重点发展，迎头赶上"的方针，提出了国家建设所需要的 57 项重要科学技术任务和 616 个中心问题，提出了各门学科的发展方向。中国第一个科学技术发展远景规划的制订和实施，推动形成了更为完备的科学技术体制，对中国科学技术的发展产生了深远影响。

△ 1953 年，我国第一根无缝钢管在鞍山无缝钢管厂实轧成功

△ 1961 年，我国第一台 12000 吨自由锻造水压机研制成功，使我国成为当时有能力制造万吨水压机的 4 个国家之一

△ 1964 年，我国成功研制大型通用计算机——119 机

从战争的废墟中站起来的新中国，如何才能挺拔屹立？一系列科技成果的取得，成为对年轻的共和国的强大支撑。我国科技工作者艰苦奋斗、不断开创，相继在多复变函数论、哥德巴赫猜想、陆相成油理论、人工合成牛胰岛素、抗疟新药研制等方面取得突破。"两弹一星"伟大成就的取得，不仅打破了"核讹诈"的咒语，更使我国的国际地位得到极大提高。

△ 参加大庆石油会战的钻井队

△ 1964 年 10 月 16 日，我国成功
试爆第一颗原子弹

△ 1967 年 6 月 17 日，我国成功
试爆第一颗氢弹

△ 1970 年 4 月 24 日，我国成功发射第一颗人造地球卫星"东方红一号"

听吧，祖国在向我们召唤

新中国成立之初，在国外的中国学者和留学生逾 5000 人，其中很多人已经在自己的研究领域有所建树，有些已成为国际知名学者。新中国成立后，他们中的很多人抱着建设新中国的坚定决心，冲破重重阻碍，踏上回归祖国的旅途。

在新中国举行开国大典之后的不到半年，1950年 3 月 18 日，在《留美

△ 朱光亚（杜爱军 / 绘）

学生通讯》第 3 卷第 8 期上发表了一封由 52 位留美学生联署的《给留美同学的一封公开信》。而在公开信发表前的 1950 年 2 月底，这封信的发起者和起草人朱光亚，已经登上"克利夫兰总统号"邮轮驶离了美国的旧金山港口。离开美国前，他已经获得了密歇根大学物理学博士学位。是什么让他放弃美国优

△ 1950年3月18日《留美学生通讯》刊登《给留美同学的一封公开信》

越的条件，回到百废待兴的祖国？在这封信里，朱光亚用充满激情的文字给出了他的理由。

朱光亚　给留美同学的一封公开信

同学们：

　　是我们回国参加祖国建设工作的时候了。祖国的建设急迫地需要我们！人民政府已经一而再再而三地大声召唤我们，北京电台也发出了号召同学回国的呼声。人民政府在欢迎和招待回国的留学生。同学们，祖国的父老们对我们寄存了无限的希望，我们还有什么犹豫的呢？还有什么可以迟疑的呢？我们还在这里彷徨做什么？同学们，我们都是在中国长大的，我们受了20多年的教育，自己不曾种过一粒米，不曾挖过一块煤。我们都是靠千千万万终日劳动的中国工农大众的血汗供养长大的。现在他们渴望我们，我们还不该赶快回去，把自己的一技之长，献给祖国的人民吗？是的，我们该赶快回去了。

你也许说自己学得还不够，要"继续充实""继续研究"，因为"机会难得"。朋友！学问是无穷的！我们念一辈子也念不完。若留恋这里的研究环境，恐怕一辈子也回不去了。而且，回国去之后，有的是学习的机会，有的是研究的机会，配合国内实际需要的学习才更切实，更有用。若待在这里钻牛角尖，学些不切中国实际的东西，回去之后与实际情形脱节，不能应用，到时候，真是后悔都来不及呢！

也许你在工厂实习，想从实际工作中得到经验，其实，也不值得多留，美国工厂大，部门多，设备材料和国内相差很远，花了许多工夫弄熟悉了一个部门，回去不见得有用。见识见识是好的，多留就不值得了，别忘了回去的实习机会多得很，而且配合中国需要，不是吗？中国有事要我们做，为什么却要留在美国替人家做事？

你也许正在从事科学或医学或农业的研究工作，想将来回去提倡研究，好提高中国的学术水准。做研究工作的也该赶快回去。研究的环境是要我们创造出来的，难道该让别人烧好饭，我们来吃，坐享其成吗？其实讲研究，讲教学，也得从实际出发，绝不是闭门造车所弄得好的。你不见清华大学的教授们教学也在配合中国实际情况吗？譬如清华王遵明教授讲炼钢，他用中国铁矿和鞍山钢铁公司的实际情况来说明中国炼钢工作中的特殊问题。这些，在这里未必学得到。

你也许学的是社会科学：政治、经济、法律。那就更该早点回去了。美国的社会环境与中国的社会环境差别很大，是不可否认的事实。由高度工业化的资本主义社会基础所产生出来的一套社会科学理论，能不能用到刚脱离半殖民地半封建社会基础的中国社会上去，是很值得大家思考的严重问题。新民主主义已经很明显地指出中国社会建设该取的道路。要配合中国社会的实际情况，才能从事中国的社会建设，才能发展我们的社会科学理论。朋友，请想一想，在这里学的一套资本主义的理论，先且不说那是替帝国主义做传声筒，回去怎样能配得上中国的新民主主义建设呢？中国需要社会建设的干部，中国需要了解中国实情的社会学家。回国之后，有的是学习机会。不少回国的同学，自动地去华北大学学习三个月，再出来工作。早一天回去，早一天了解中国的实际政治经济情况，早一天了解人民政府的政策，早一天参加实际的工作，多一天为人民服务的机会。现在祖国各方面都需要人才，我们不能彷徨了！

一点也不错，祖国需要人才，祖国需要各方面的人才。祖国的劳动人民已经在大革命中翻身了，他们正摆脱了封建制度的束缚、官僚资本的剥削、帝国主义的迫害，翻身站立了起来，从现在起，他们将是中国的主人，从现在起，四万万五千万的农民、工人、知识分子、企业家将在反封建、反官僚资本、反帝国主义的大旗帜下，团结一心，合力建设一个新兴的中国，一个自由民主的中国，一个以工人农民也就是人民大众的幸福为前提的新中国。要完成这个工作，前面是有不少的艰辛，但是我们有充分的信念，我们是在朝着充满光明前途的大道上迈进，这个建设新中国的责任是要我们分担的。同学们，祖国在召唤我们了，我们还犹豫什么？彷徨什么？我们该马上回去了。

同学们，听吧！祖国在向我们召唤，四万万五千万的父老兄弟在向我们召唤，五千年的光辉在向我们召唤，我们的人民政府在向我们召唤！回去吧！让我们回去把我们的血汗洒在祖国的土地上，灌溉出灿烂的花朵。我们中国要出头的，我们的民族再也不是一个被人侮辱的民族了！我们已经站起来了，回去吧赶快回去吧！祖国在迫切地等待我们！

△ 1950 年 9 月，乘坐"威尔逊总统号"
自美国旧金山返回中国的留美学者及家属合影

《给留美同学的一封公开信》在海外学人中引起热烈反响，因为对他们中的很多人而言，新中国成立前后的对比，已经在他们内心引发了强烈的情感共鸣，成为召唤他们回家的力量。

祖国在召唤，但归国之路却并非坦途。20 世纪 50 年代初，美国政府百般阻挠中国留学生回国。1953 年 12 月 21 日，师昌绪、张兴钤、李恒德等人组织留学生集体致信周恩来总理，

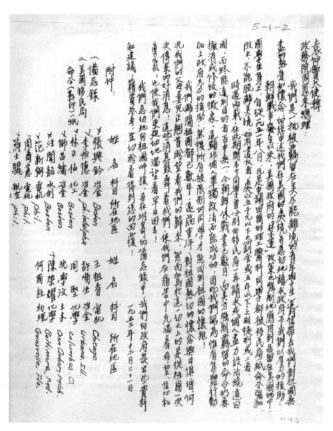

△ 1953 年 12 月 21 日，师昌绪、张兴钤、李恒德等人致周恩来总理的联名信

表达不惧美国政府迫害、力争回国的意愿，并通过印度驻美国大使馆等渠道辗转将信送到周恩来总理手中。1954 年 5 月，在日内瓦国际会议上，这些信件成了中国政府抗议美国无理扣押中国留学生的重要证据。

"五年归国路，十年两弹成。"这是数十年后人们在提及我国航天事业创始人钱学森时，经常使用

的一句赞誉。对钱学森而言，在美国的 20 年中，"前三四年是学习，后十几年是工作。所有这一切都是在做准备，为了回到祖国后，能为人民做点事"。但钱学森的归国之路，可谓充满坎坷、历尽磨难。

1950 年 8 月 22 日，钱学森前往华盛顿五角大楼告诉美国海军次长金贝尔少将他准备回国。金贝尔劝说未果立即拨通了司法部的电话："绝不能放走钱学森！那些对我们来说至为宝贵的情况，他知道得太多了。我宁可把这家伙枪毙了，也不让他离开美国！"在金贝尔眼里，钱学森"无论在哪里，都抵得上五个师"！

美国洛杉矶海关非法扣留了钱学森装在"威尔逊总统号"邮轮上的行李，污蔑他企图携带机密资料出境，司法部随即签署了逮捕钱学森的命令。

"钱学森事件"在美国社会引起不小轰动，钱学森的导师冯·卡门及加州理工学院许多师生向移民归化局提出强烈抗议，师生集体捐献 15000 美元作为保释金。新华社、《人民日报》《光明日报》和香港各大报纸纷纷刊登文章谴责美国当局的暴行。迫于各方压力，移民归化局不得不释放钱

△ 1950 年，钱学森打算运回国的部分行李被美国海关查扣

△ 钱学森数次出席美国移民归化局举行的听证会

学森，但要求钱学森听候传讯，每月到移民归化局报到，不准离开洛杉矶。从此钱学森开始了长达5年之久变相软禁的生活。

在这次事件后，经常有特务闯进钱学森的办公室和住所，他的信件和电话也都受到严密的检查。在很短的时间里，钱学森被迫搬了四次家，因为他每天都会接到陌生人的电话，甚至有陌生人擅自闯入家中。这种生活对于性格内向而孤傲的钱学森而言，每一天都是屈辱的积累。

1955年5月，钱学森在一张华人报纸上看到毛泽东在北京天安门广场主持庆祝"五一"劳动节典礼的报道。在观礼者的名单中，有一个熟悉的名字——陈叔通，他是钱学森父亲的老师。钱学森决定给陈叔通写信，寻求中国政府的帮助。为了躲避特务的检查，钱学森夫人蒋英模仿孩子的手笔写了地址，又跑到一个很远的黑人超市去买菜，用黑人超市的信箱寄出信件，而收件人是她在比利时的妹妹。之后这封信从比利时辗转寄到钱学森父亲手中，他又将信转给陈叔通。这就是环绕了大半个地球的《致陈叔通先生》。

钱学森　致陈叔通先生

叔通太老师先生:

自 1947 年 9 月拜别后久未通信，然自报章期刊上见到老先生为人民服务及努力的精神，使我们感动佩服！学森数年前认识错误，以致被美政府拘留，今已五年。无一日、一时、一刻不思归国参加伟大的建设高潮。然而世界情势上有更重要更迫急的问题等待解决，学森等个人们的处境是不能用来诉苦的。学森这几年中唯以在可能范围内努力思考学问，以备他日归国之用。现在报纸上说中美交换被拘留人之可能，而美方又说谎，谓中国学生愿意回国者皆已放回，我们不免焦急。我政府千万不可信他们的话，除去学森外，尚有多少同胞，欲归不得者。以学森所知者，即有郭永怀一家，其他尚不知道确实姓名。这些人不回来，美国人是不能释放的。当然我政府是明白的，美政府的说谎是骗不了的。然我们在长期等待解放，心急如火，唯恐错过机会，请老先生原谅，请政府原谅。附上纽约时报旧闻一节，为学森五年来在美之处境。在无限期望中祝您康健。

钱学森　谨上

1955 年 6 月 15 日

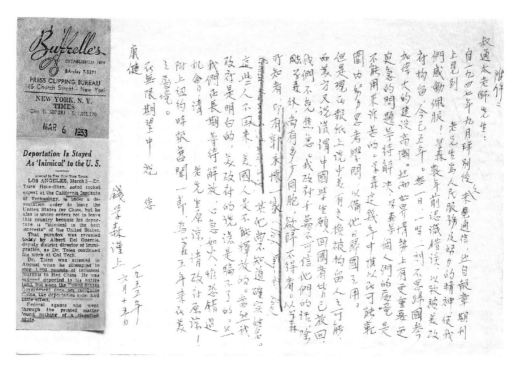

△ 钱学森给陈叔通先生的信

陈叔通接到钱学森的信后很快交给了周恩来总理。这封信在之后的中美大使级会谈中发挥了重要作用，中方据理力争，最终迫使美方同意钱学森离美回国。当美国加州理工学院校长杜布里奇得知钱学森回国的消息时，说了一句意味深长的话："我们知道，他回去绝不是种苹果树的。"

1955 年 9 月 17 日，钱学森一家登上"克利夫兰总统号"邮轮离开美国回国。启程前，西方四大通讯社之一的美国第二大通讯社——合众国际社记者专程赶到船上采访钱学森。美国《洛杉矶日报》第一版用特大号字，刊出了通栏标题"火箭专家钱学森返回红色中国"。在马尼拉港口，美联社一名记者问

△ 1955 年 9 月 17 日，钱学森一家乘"克利夫兰总统号"邮轮
从洛杉矶踏上归国航程

钱学森："你是共产党员吗？"钱学森坦率地说："我还不够做
一名共产党员。因为共产党人是具有人类最崇高理想的人。"

　　历经坎坷终于回到祖国的钱学森，不但立刻投身于新中国
的科学事业，而且向尚在美国的挚友郭永怀发出热切的召唤。
在 1956 年 2 月 2 日给郭永怀的信中，钱学森写道："请兄多带
几个人回来，这里的工作，不论在目标、内容和条件方面都是
世界先进水平。这里才是真正科学工作者的乐园！"

　　当时的郭永怀已是康奈尔大学的终身教授，月工资高达800
美元，生活稳定而安逸，但钱学森的回国让他归心日切。许多
朋友不解：拥有康奈尔大学教授职位，孩子未来也可以接受更

好的教育，为什么总是记挂着那个贫穷的国家呢？对此，他坚定地回答："我当年出国，就是为了学成后回国！家穷国贫，只能说明当儿子的无能！作为中国人，我有责任回到祖国。"

美国法律规定，未公开发表的科研论文手稿，即便是个人的研究成果也不允许带出美国。归国心切的郭永怀，为避免美国政府的阻挠，在大师兄西尔斯举办的送别野餐会上，毅然决然地亲手烧毁了尚未发表的所有书稿。同年9月，郭永怀一家登上开往祖国的"克里夫兰总统号"邮轮启程回国。开船前，美国特工突然登船，专门搜查华人科学家的行李。已经销毁所有手稿的郭永怀，将全部所学装在自己的大脑里带回了祖国。

在郭永怀一家踏上祖国土地的那天，无法亲自迎接挚友的钱学森，委托中国科学院广州办事处带去欢迎信，志同道合的好友将并肩奋斗在新中国的建设事业中，钱学森的喜悦之情跃然纸上："我们一年来是生活在最愉快的生活中，每一天都被美好的前景所鼓舞，我们想您们也必定会有一样的经

△ 工作中的郭永怀

验。今天是足踏祖国土地的头一天，也就是快乐生活的头一天，忘去那黑暗的美国吧！"

回国后，郭永怀全身心地投入我国核武器研制工作中。正如他自己所说："在这样一个千载

难逢的时代，我自认为，我作为一个中国人，都有责任回到祖国，和人民一道，共同建设我们的美丽的山河。"

郭永怀　我为什么回到祖国 [1]

在美国这 15 年里，前 5 年是读书和研究，后 10 年加入战后康奈尔大学新成立的航空研究院工作。在这 10 年里，一面学习，一面教学，从外表看来，尤其是在美国人眼里，我在事实和精神上，已被认为是康奈尔大学的一部分。所以去年在我刚辞去学校里的职务时，许多朋友都觉得很奇怪，为什么我放弃这样一个悠闲自得的学术生活。

去年 10 月，我们抵达阔别了 19 年的首都。我们到的时候已是深夜，但多年不见的长一辈的师长和朋友们，都来热情地招待我们，使我们非常感动。

我们祖国的今日，已非昔日可比，在共产党领导之下，不到 7 年就把一个老大古国变成一个伟大的、新的社会主义制度的国家，我们取消了剥削制度，改变了半殖民地的地位，保障了国家的安全和人民的一切权利。追求自由的人们，在这样的局面之下，选择是很明显的。

自从 1949 年人民政府建立以来，买办阶级和帝国主义的工具被驱逐出中国大陆，广大的人民就真正地抬起了头，有了办

---

[1] 本书收录时做了节选。

法，有了保障。这几年来，我国在共产党领导下所获得的辉煌成绩，连我们的敌人，也不能不承认，在这样一个千载难逢的时代，我自认为，我作为一个中国人，都有责任回到祖国，和人民一道，共同建设我们的美丽的山河。

郭永怀在美国时曾感慨地说："家穷国贫，只能说明当儿子的无能！"这些终于回到祖国的儿女们，立刻融入新中国的建设大军，投入轰轰烈烈的社会主义建设事业中。

我愿以身许国

　　从战争废墟中站起来的新中国，处于极端复杂的国际形势中，面对"核讹诈"，新生的共和国如何才能挺直腰杆屹立于东方？"要反对核武器，自己就应该先拥有核武器。"这是 1951 年法国科学院院长、诺贝尔化学奖获得者约里奥·居里（居里夫人的女婿，法国共产党员）向中国做出的忠告。而约里奥·居里的得意门生钱三强，正是中国原子能事业的开拓者和奠基人之一。

△ 钱三强和约里奥·居里夫妇

　　1937 年，钱三强来到法国巴黎，师从约里奥·居里夫妇攻读博士学位。1946 年，钱三强、何泽慧夫妇在研究铀核三分裂和四分裂中取得突破性成果，这项成果被约里奥·居里称为第二次世界大战后物理学上的一项有意义的工作。荣誉

△ 1948 年 4 月，钱三强与何泽慧离开巴黎回国前，在卢森堡公园留念

纷至沓来，而此时钱三强夫妇却做出一个令人意外的决定——回到战火纷飞的中国。钱三强把自己的想法向恩师倾诉："虽然科学没有国界，但科学家都是有祖国的。正因为祖国贫穷落后，才更需要科学工作者努力去改变她的面貌。"钱三强的决定得到约里奥·居里的赞赏和鼓励："科学家应该是爱国者，不然，科学为谁而用呢？你回去为祖国服务，这是很自然的事情。"导师的支持让钱三强更加义无反顾，1948 年，钱三强夫妇带着尚在襁褓中的儿女，回到阔别 11 年的故土。

1949 年 3 月，钱三强接到参加代表团去巴黎出席保卫世界和平大会的通知。他想利用这次机会请老师约里奥·居里帮助订购一些原子核科学研究的必要仪器设备和图书资料，于是抱着试试看的心理，向组团的联系人提出自己的想法，并且说大约要 20 万美元的外汇。建议提出后，钱三强又有些忐忑，认为自己给国家出了难题：战乱尚未停息，刚解放的城市百废待举，国家怎么可能在这么困难的时候拨出外汇购买科学仪器呢！但仅仅过去了三天，他就接到通知：建议被采纳了！党中央决定先拨出 5 万美元用于采购设备和图书。那一刻，钱三强"心如潮涌，眼前一片模糊……"。多年后，他在回忆这段往事时，动情地写道：

当我得到那笔用于发展原子核科学的美元现钞时，喜悦之余，感慨万千。因为这些美元散发出一股霉味，显然是刚从潮湿的库洞中取出来的，不晓得战乱之中它有过什么经历，而现在却把它交给了一位普通科学工作者。这一事实使我自己都无法想象。

由此往前不到半年，就是 1948 年下半年，也是在这个北京城，我曾经为了适当集中一下国内原子核科学研究力量，几番奔走呼号，可是每回都是扫兴而返。

新中国成立前后的鲜明对比，令钱三强更加坚定了投身于新中国科技事业的决心。1949 年 11 月，中国科学院成立，周恩来总理特别指示，要发展新兴学科，如原子核科学、实验生物学等。不久，我国第一个名副其实的原子学研究机构——中国科学院近代物理研究所（后改名为原子能研究所）成立。一年后，钱三强出任所长，王淦昌、彭桓武任副所长。研究内容包括：实验原子核物理、放射化学、宇宙线研究、理论物理、电子学等。仅两三年时间，一大批有造诣、有理想、有实干精神的原子核科学家，从美国、英国、法国、德国、东欧和国内有关大学、研究单位纷纷来到所里，群贤毕至，少长咸集。中国的原子核科学事业由此起步。

1956 年 2 月，钱学森根据周恩来总理的指示，起草了《建立我国国防航空工业的意见书》（以下简称《意见书》）。当时为保密起见，用"国防航空工业"代表火箭导弹和后来的航天技术。钱学森在《意见书》中提出优先发展导弹的设想，以及我国火箭、导弹事业的组织方案、发展计划和具体措施。

《意见书》受到党中央的高度重视。1956 年 10 月 8 日，在钱学森回归祖国一周年之际，国防部第五研究院成立。成立仪式后，钱学森给刚刚分配来的 100 多名大学生主讲《导弹概论》。他讲道：

这是一个宏伟的、具有远大前途的事业。投身于这个事业是很光荣的。大家既然下决心来干这一行，就要求大家终身献身于这个事业。由于工作性质的关系，干我们这一行是出不了名的。所以大家还要甘当无名英雄……我们是白手起家，创业是艰难的。我们会遇到许多意想不到的困难。但是，我们不会向困难低头。对待困难有一个办法，那就是"认真"两个字。只要大家认真对待，就没有攀

△ 钱学森授课

登不上的高峰，就没有克服不了的困难。我相信我们一定会完成党中央交给我们的任务。我们一定要下决心完成这个光荣的任务。

1957 年 2 月，钱学森出任国防部第五研究院第一任院长。1957 年年底，根据中苏签订的协议，苏联运来了导弹样品，钱学森十分了解这个苏联在德国 V-2 型导弹基础上仿制的导弹型号。这枚导弹射程仅几百公里，在当时已经相对落后，但对中国导弹事业而言，也必须通过仿制研究才能更快地迈出第一步。中国的第一枚近程导弹（P-2）从仿制开始。

△ 我国研制的第一枚近程导弹"东风一号"

1960 年，赫鲁晓夫下令撤走全部在中国的苏联专家，这无疑给五院的研究仿制工作造成极大困扰。在这种情况下，党中央果断决定，独立自主、自力更生发展我国尖端技术。"东风一号"导弹成为被寄予厚望的"争气弹"。1960 年 11 月 5 日，"东风一号"导弹在酒泉发射基地试飞，导弹在飞行了 7 分 37 秒后，准确命中 550 公里外的目标，这个距离超过了中国模仿的那枚苏联导弹。试验成功！"争气弹"果然不负众望！这一天离苏联撤走专家仅 82 天，离我国正式启动导弹计划不到 4 年，离钱学森回国刚满 5 年。聂荣臻元帅在贺辞中说："在祖国的地平线上飞起了我国自己制造的第一枚导弹，这是我国军事装备史上一个重要的转折点。"自此，中国自行研制试验的"东风二号"导弹、"东风三号"导弹等相继成功，为我国的航天技术打下坚实基础，为我国的国防现代化写下光辉的一页。

那是一个艰苦卓绝的年代，那是一个可歌可泣的年代！中国不仅处于险恶的国际环境中，同时还面临着自然灾害的威胁，饿肚子几乎成为全民现象。然而肩负"两弹"攻关重任的科技工作者，没有丝毫懈怠，依然全力以赴，昼夜奋战。

在核武器研究所，一半以上的人得了浮肿病，还有许多人由于劳累和营养不良造成肝功能不正常。副所长、理论物理学家彭桓武当时腿脚肿得老粗，连布鞋都穿不进，只能提着鞋走路，坚持上班。

苏联专家撤走后，"两弹"研制的一些关键岗位需要有人接替，搁置的工程亟待启动。处在特殊位置上的钱三强，知人善任地推荐了许多骨干科学家承担重任，邓稼先、朱光亚、王淦昌、彭桓武、周光召、于敏、郭永怀、程开甲等一大批科技骨干，从此隐姓埋名奋斗在各自的岗位上。当王淦昌得知组织上想安排他去搞原子弹时，他毫不迟疑地回答："我愿以身许国！"为了保密，要隐姓埋名，断绝一切海外联系。王淦昌当即写下自己的新名字"王京"，第二天就从原子能研究所到核武器所报到。

在内忧外患中，在极端困难的条件下，大家上下一条心，协同攻关，终于靠智慧和艰辛的努力攻克了一个个技术难题。1964 年 10 月 16 日，我国成功试爆第一颗原子弹，成为继美、苏、英、法后第五个拥有核武器的国家。同日，中国政府发表声明指出，中国进行核试验是为了防御，中国在任何时候、任何情况下都不会首先使用核武器。当时有些外国专家对此不以为然，以为我国试爆的原子弹只不过是一个低水平的玩意儿，直到他们对大气中的漂浮物进行分析后，才大为震惊。仅仅 2 年零 8 个月后，我国又成功试爆第一颗氢弹，成为世界上从原子弹到氢弹发展最快的国家。

△ 1964 年 10 月 16 日,《人民日报》刊发
我国第一颗原子弹爆炸成功的消息

多年以后,当钱三强回忆起这段难忘岁月时,曾用"卡脖子"一词来形容中国当时科技发展受制于人的艰难境地。然而就是在这样的困境中,凭借上下同心、众志成城的决心和努力,中国接连攻克导弹、核弹技术难关,走出"核讹诈"阴霾的笼罩,拥有了一片和平发展的天空。

钱三强　受制于人的地方越少,获得的东西就越多 ❶

20 世纪 50 年代末 60 年代初,天灾人祸同时重重地撞击着中国大地。对于中国原子能事业来说,那是一个"卡脖子"的年代。

作为一个有爱国心的知识分子,此时此刻的心情是什么滋味!我很清楚,这对于中国原子核科学事业,以至于中国历史,

---

❶ 节选自《神秘而诱人的路程》。

将意味着什么。前面的道道难关，只要有一道攻克不下，千军万马都会搁浅。真是这样的话，造成经济损失且不说，中华民族的自立精神将又一次受到莫大创伤。

毛泽东 1960 年 7 月 18 日在北戴河会议上再次发出号召："自己动手，从头做起，准备用 8 年时间，拿出自己的原子弹！"

疾风识劲草，严寒知松柏。在正确的决策下，原子能战线上的科学技术人员、领导干部和工人、解放军，不论男女老少，个个精神抖擞，投入依靠自己的力量发展核科学的伟大事业中。

以王淦昌、彭桓武、郭永怀、朱光亚、邓稼先为首的一批理论与实验物理的优秀科学家，从中国科学院和高等学校调到核武器的研究机构，直接承担起各个环节上的攻坚任务。20 余人联名向国内写信，"请缨"回国参战。周光召回国后任核武器研究所理论部副主任，邓稼先为主任。

人马调齐，工作配套，各方面的研制进展神速。

有一种扩散分离膜是铀 -235 生产中最关键、最机密的部分，苏联人称它是"社会主义安全的心脏"，就是参观学习，也只许人员站在老远的地方望一眼。我们原子能所为此组织了攻关小组，经过 4 年努力，研制成功合格的扩散分离膜，并开始批量生产，使我国成为继美、苏、法之后，第四个能制造扩散分离膜的国家。

原子能研究所及时组织了于敏、黄祖洽等青年理论物理学家，在进行原子弹研制的同时，开展了氢弹原理的预研工作；核武器研制进入决战阶段后，于敏、黄祖洽等 30 余人合并到武器研究所，加快了氢弹研制的速度，创造出了从原子弹到氢弹进程上的奇迹！

真是"山重水复疑无路，柳暗花明又一村"。遮盖在中国大地上的乌云吹散了，心头的疑团解开了，曾经以为是艰难困苦的关头，却成了中国人干得最欢、最带劲、最舒坦的"黄金时代"。道理就是这样简单明白：受制于人的地方越少，获得的东西就越多。

1957年10月4日，苏联把人类第一颗人造地球卫星送上天，在全世界引起轰动。1958年5月17日，毛泽东主席在中国共产党八大二次会议上提出："我们也要搞人造卫星。"中国科学院把研制人造卫星列为1958年第一项重大任务，代号"581任务"。成立581领导小组，钱学森任组长，赵九章、卫一清任副组长。581领导小组负责组织实施空间技术发展规划和业务领导，首次提出我国空间技术发展的早期设想蓝图，组织制订星际航行发展规划，安排各项空间技术的预先研究课题，为我国空间技术早期发展做出大量开拓性工作，对中国航天科学技术领域的进步起到了奠基作用。

三年自然灾害期间，国家陷入经济困难，发展人造地球卫星与国力不相称，因此对空间技术计划进行调整，提出"大腿变小腿，卫星变探空"的工作方针，"以探空火箭练兵，高空物理探测打基础，不断探索卫星发展方向，筹建空间环境模拟实验室"。

1964 年，我国经济形势好转，中近程导弹发射成功。在当年 12 月召开的第三届全国人民代表大会会议期间，赵九章上书周恩来总理，恳切陈词，建议批准我国的卫星发射计划。

△ 赵九章

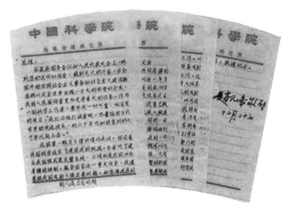

△ 赵九章给周恩来总理的信

赵九章　给周恩来总理的信 ❶

总理：

在最高国务会议和人民代表大会上，听到您的说明和报告，感到无比的兴奋，在全国开始出现社会主义革命和社会主义建设新高潮以及全世界出现一片大好形势的今天，我国人民面临着更加光荣重大的任务。作为一个科学工作者，愿尽我一切力量，响应党的号召："我们必须打破常规，尽量采用当代世界的

❶ 本书收录时做了节选。

先进技术，向 60 年代和将来到的 70 年代赶上去。"

我国第一颗原子弹的爆炸成功，标志着我国科学技术飞速前进的阶段，今后为了建立我国核武装完整系统，必须加速我国洲际导弹的研制。配合国家这一重大任务，我谨就我国发射人造卫星问题，向您陈述我的一些看法和建议。

第一，发射卫星和发射洲际导弹的关系。根据几年来苏、美两国发展洲际导弹的过程来看，苏联在卫星成功发射以后的一年多，才以洲际导弹向太平洋打靶，美国在 1958 年发射卫星时，他们的远程导弹还没有过关，这不仅是试验运载工具的推力，还有它比较深刻的原因。我们可以先走一步发射卫星，把无线电导航、轨道试测及计算机地面跟踪等科学技术系统建立起来。这并不妨碍我国洲际导弹进展，相反的，两者是相辅相成的。

第二，人造卫星是直接用于国防或服务于国防的。从美国和苏联已发射的卫星情况来看，人造卫星是直接用于国防或服务于国防的。苏联发射的人造卫星从轨道情况来看，大部分是适合于侦察地面情况的。就美国发射的卫星来说，直接用于国防的，在发射成功的 228 个中为 174 个。有些卫星表面上好像是为了纯科学目的，探测高空辐射带、高空磁场等，其实探测辐射带的仪器和探测核爆炸后产生的放射性粒子的仪器原理是一样的。由此可以说，所有的人造卫星几乎都是与国防有关的。

第三，人造卫星的工作规模和尖端科学及工业的关系。人造卫星的工作规模是非常大的，综合性是非常强的，配合原子能、导弹事业发展，可以更全面地推动各项尖端科学和工业的发展。我认为从现在起，抓这一工作已是时候了。我国尖端科技力量已有相当规模，一支科学技术队伍已经成长起来。我们已成功发射了一批气象火箭，取得高空风及温压资料。在探空技术上，取得一点初步成绩。由于您在最高国务会议上曾提到要尽快解决运载工具问题，我特向中央领导提出这个建议，如果中央领导决定了发射卫星的计划，相信一定可以提前完成国家这一项重大科学任务，争取在建国20周年前放出第一个人造卫星，并把我国尖端科学技术带动起来。

以上所陈，是否有当，敬请批示。

此致

敬礼

赵九章 敬启

1964 年 12 月 23 日

1965 年 1 月 8 日，钱学森分别向周恩来总理和聂荣臻副总理呈送报告，提出我国研制人造地球卫星的条件已经具备，建议制订我国人造地球卫星研制计划。同年 5 月，中央专委同意中国科学院提出的发展人造地球卫星的规划方案和第一颗人造地球卫星在 1970 年左右发射的设想。从此，中国人造地球卫星事业进入了有计划的工程研制时期。

在组建中国空间技术研究院时，钱学森着眼于科学事业的未来，大胆启用和培养年轻人。1967 年，年仅 38 岁的孙家栋被钱学森点将，成为我国第一颗人造地球卫星"东方红一号"

的技术总负责人。

"东方红一号"的任务目标被浓缩为 12 个字：上得去，抓得住，看得着，听得见。

上得去　用火箭把卫星送上天。

抓得住　卫星上天后必须要能与地面站互动，既能向地面站发送信号，也能接收信号。也就是说，卫星在天上是一个活体，而不是一个铁疙瘩。

看得着　要让地面上的人能看见卫星。为此，"东方红一号"被设计成一个 72 面体，并在卫星周围加了一个"闪光体围裙"，当脱离火箭时，"围裙"也随之脱落，闪闪发光。

听得见　要让地面上的人能听见卫星。卫星在与地面站联系时，会发回断断续续的音频信号，在"东方红一号"传回

△"东方红一号"人造地球卫星

△ 1970 年年初，科研人员在厂房内测试"东方红一号"人造地球卫星

地球的信号中，有 8 小节《东方红》乐曲的旋律，而《东方红》正是红色中国的象征。

多年之后，孙家栋在回忆我国第一颗人造地球卫星研制和发射过程时，曾写道："当中国人在西北大漠里竖起第一座发射架时，西方一些发达国家认为，那是开玩笑。"1970 年 4 月 24 日，中国以实际行动对西方的质疑做出回答：我国自主研发的第一颗人造地球卫星"东方红一号"成功发射，那枚闪闪发光的 72 面体静静划过天际，向地球送来中国首次从太空发出的声音——"东方红，太阳升……"

△ 孙家栋（杜爱军 / 绘）

孙家栋　中国人将"不可能"变成了"可能"❶

苏联第一颗人造卫星重 83.6 公斤；美国卫星重 8.2 公斤；法国卫星重 42 公斤；日本卫星重 11 公斤。1970 年 4 月 24 日，

❶ 本书收录时做了节选。

中国"东方红一号"升空，重为 173 公斤，超过前 4 颗卫星重量之和。但这并不说明我们卫星制造水平高。从工艺的角度来说，体积越小，对机械工艺的要求就越高。而中国当时的工艺远远没有达到先进水平，所以，我国的卫星就重得多了。

但中国卫星的重量又让外国震惊，因为这恰恰说明我们火箭的威力大，能把那么重的大家伙送上太空，这足以对当时敌视中国的某些国家形成战略威慑。

不过，有一项质量指标，中国的确超过了先前 4 国。中国卫星的电池比那些卫星的电池运行时间都长，原定运行 20 天，结果实际运行了 28 天，而那 4 个国家都没有达到 20 天。这也不是中国的电池质量高，而是我们采用了一个技术技巧。电池质量不行，就用数量来弥补。在 173 公斤的卫星总重中，电池就高达 80 多公斤，这是其他国家无法想象的。

其实，当中国人在西北大漠里竖起第一座发射架时，西方一些发达国家认为，那是开玩笑；当中国人用运行速度只有每秒几十万次的老式计算机编制地球同步卫星轨道程序时，洋专家又断言：不可能！但是，中国人就是将"不可能"变成了"可能"。

新中国成立后，面临经济上遇困难、政治上被孤立、军事上遭围攻的严峻局面，在党中央的果敢决断下，独立自主、自力更生发展起来的科技事业，特别是"两弹一星"伟大成就的取得，使中国挺直了腰杆，国际地位得到极大提升。在这些成就的背后，是中国科学家前赴后继、可歌可泣的奋斗历程。

郭永怀　在"两弹一星"功勋科学家中，他是在核弹、导弹、人造地球卫星三大任务中都肩负重要使命的人。他长期从事绝密工作，和家人聚少离多。有一次，他年幼的女儿在过生日时向他讨要礼物，郭永怀满

△ 郭永怀一家

怀歉意地指着天上的星星说："以后天上会多一颗星星，那就是爸爸送你的礼物。"然而，当天上真的多了一颗"东方红一号"，当女儿收到这份礼物的时候，郭永怀却已经永远地离开了他的亲人和他热爱的事业。1968 年 12 月 5 日，在基地现场做完第一颗热核弹头试验，郭永怀携带重要试验数据回京，飞机在降落时失事坠毁。当搜救人员找到郭永怀的遗体时，发现他和秘书紧紧抱在一起，人们将已经烧焦的二人用力分开，在他们胸前夹着一个公文包，包里保存的正是那些重要试验数据。这位以身许国的科学家，在生命即将终结时，选择用自己的身体作为保护国家机密的最后一道屏障。

邓稼先　在 1986 年前完成的 32 次核试验中，他在现场主持了 15 次。每次核爆试验前需要给原子弹插雷管，这是一项非常危险的操作，稍有闪失就会让在场的所有人化为气体。而邓稼先，是每次插雷管时都会站在操作员身后稳定军心的那个人。1979 年的一次核爆试验出现了事故，为了查明出事地点与事故

△ 邓稼先（杜爱军 / 绘）

△ 邓稼先（左）与同事在试验场

原因，邓稼先亲自带队去寻找，终于找到碎片，原来是降落伞未能打开，核弹落在戈壁滩的砾石上摔碎了。事故原因虽然查明，但邓稼先却受到严重的辐射伤害。

1985 年，邓稼先因直肠癌住院治疗。他知道自己的时间不多了，但他还有一件大事没有做完：他看到其他核大国的核武器设计技术水平已经接近理论极限，联合国推动全面禁核试来阻止其他国家发展核武器的形势越来越严峻，他要把今后中国在国防上特别是核武器方面的对策写出来。他把于敏请过来，一起起草建议书。1986 年 4 月 2 日，他和于敏联合署名完成了这份关于我国核武器发展的极为重要的建议书。后来按照这份建议书，经过 10 年努力，我国完成了核武器升级必需的核爆试验，使我国核武器达到与先进国家处于同一台阶的水平。

1986 年 7 月 17 日，邓稼先在病床上接受他生前的最后一次表彰——"七五"期间党中央、国务院授予的第一个"全国劳动模范"称号、授出的第一枚"全国劳动模范"奖章。邓稼先庄重地把奖章戴在胸前，说："核武器事业是成千上万人的努力才取得成功的，我只不过做了一小部分应该做的工作。"就在戴上这枚奖章的 12 天后，邓稼先永远离开了他为之奋斗、奉献了一辈子的核事业。在生命的最后时刻，他对妻子说："假如生命终结后可以再生，那么，我仍选择我国，选择核事业。"

多年以后，曾经和邓稼先共同起草核武器发展建议书的于敏，在自己的回忆文章中写下这样一句话："一个人的名字，早晚是要消失的。"这是他、邓稼先、郭永怀以及所有以身许国的科学家对功名的态度，"干惊天动地事，做隐姓埋名人"，是他们人生的真实写照。

△ 于敏在工作中

于 敏 艰辛的岁月，时代的使命 ❶

时代的使命，社会发展的需要往往决定一个人的人生道路和命运。正当我对基础科学研究满怀兴趣，希望乘风破浪、有所发现和建树的时候，1961 年 1 月的一天，钱三强先生把我叫到他的办公室，非常严肃和秘密地告诉我，希望我参加氢弹理论的预先研究。这是我始料不及的事情。钱先生与我的这次谈话，改变、决定了我此后的人生道路。

我的青少年时代是抗日战争时期在沦陷区天津度过的。日本鬼子的横行霸道、亡国奴的屈辱生活给我留下深刻的惨痛印象，至今仍历历在目。民族忧患意识使我在青少年时代就立下了学科学、爱科学，从事科学研究，报效祖国，振兴中华的志向。新中国刚刚成立不久，就受到西方反华势力的战争威胁，像我国这样贫弱的一个大国，如果没有自己的核力量，就不可能真正地独立，巍然屹立在世界之林。我国当时正处于遭受天灾人祸，国民经济非常困难的时期，但中央仍下决心坚持搞原子弹和氢弹。面对这样重大的题目，我不能有另一种选择。一个人的名字，早晚是要消失的。"留取丹心照汗青"，能把微薄的力量融进祖国现代化建设之中，我也就可以自慰了。

1964 年 10 月 16 日，我国第一颗原子弹爆炸成功。紧接着，

---

❶ 本书收录时做了节选。

主要的工作就转入氢弹的突破。当时，大家多路探索，或日夜奋战在计算机房，或在办公室加班加点，每到晚上，科研大楼灯火辉煌。大家发扬学术民主，畅所欲言，百家争鸣，通过一个个的学术报告会，提出了许多各式各样的突破氢弹的设想和途径，其中有许多很好的意见。但是，氢弹毕竟是非常复杂的系统，一条条的途径被提出来，经过仔细的讨论、计算和分析，又一条条地被放弃了，"山重水复疑无路"是当时常有的感觉。但是面对困难，大家的积极性仍然非常高涨，充满"攻城不怕坚，攻书莫畏难；科学有险阻，苦战能过关"的激情。

1965 年 10 月下旬，我向在上海出差的全体同志做了系列的有关"氢弹原理设想"的学术报告，引起了大家的很大兴趣，普遍认为通过这个阶段的工作，我们牵住了"牛鼻子"，抓到了热核材料充分燃烧的本质的东西。大家连续奋战了 100 个日日夜夜，终于形成了一套从原理到结构的基本完整的理论方案。这是充满激情和艰辛的一段岁月，也是每一位参加这段工作的科研人员难以忘怀的岁月！

中央一开始就明确，搞核武器要走"独立自主，自力更生"的道路。高技术，特别是国防高技术是买不来的，必须依靠自己的力量。正因为我们有这样的指导思想，充分发挥社会主义多方支援，大力协同，集中力量办大事的优越性，不但很快地突破了原子弹和氢弹，而且把根子扎得很深，具备了持续发展的能力，走出了一条符合中国国情和中国战略需要的有自己特色的研制核武器的道路。这是何等艰难的历程，何等辉煌的业绩啊！

　　"为有牺牲多壮志，敢教日月换新天。"让我们永远记住那段光辉岁月，记住那些远去的身影，记住曾经消失的名字！并把同样的敬意，献给那些默默付出的无名英雄，他们所有人的共同努力，铸就了中国科技事业彪炳史册的丰功伟绩！

"两弹一星"功勋奖章❶获得者
（按姓氏笔画排序）

授予：于　敏　　王大珩　　王希季　　朱光亚　　孙家栋
　　　任新民　　吴自良　　陈芳允　　陈能宽　　杨嘉墀
　　　周光召　　钱学森　　屠守锷　　黄纬禄　　程开甲
　　　彭桓武

追授：王淦昌　　邓稼先　　赵九章　　姚桐斌　　钱　骥
　　　钱三强　　郭永怀

---

❶ 1999 年中共中央、国务院、中央军委颁授。

科学的存在全靠它的新发现

新中国成立后，我国在短时间内建立了门类齐全的工业体系和相对齐全的科研机构和部门。随着国民经济的逐渐恢复，国家设想在第二个、第三个五年计划时期全面、大规模地开展经济建设，全部或部分完成国民经济各部门的技术改造，实现社会主义工业化。为了系统引导科学研究为国家建设服务，1956 年 1 月，中共中央提出制订科学技术发展远景规划的任务，向全国人民发出"向科学进军"的号召。同年，新中国第

△"向科学进军"宣传画

一个中长期科技规划——《1956—1967年科学技术发展远景规划纲要》(简称《十二年科技发展远景规划》)开始实施。

《十二年科技发展远景规划》配合国民经济和社会发展的需求,确定了"重点发展,迎头赶上"的方针,从13个方面提出了国家建设所需要的57项重要科学技术任务和616个中心问题,提出了各门学科的发展方向。中国第一个科学技术发展远景规划的制订和实施,推动形成了更为完备的科学技术体制,对中国科学技术的发展产生了深远影响。

20世纪50年代,李四光、黄汲清、谢家荣等的地质理论研究取得重大成果,在中国油田、煤矿、铜矿、油气区的发现和建设中发挥了指导作用。陆相成油理论指导我国发现了大庆、松辽等一系列油田,推翻了当时国际上认为只有在海相地层中才可能出现大油田的理论,使我国一举摘掉"贫油国"的帽子。

新中国成立后,李四光出任中国科学院副院长。他接下了组织全国地质工作的任务,提出构建"一会、二所、

△ 李四光(杜爱军/绘)

"一局"的全国地质机构建设思路:"一会"即中国地质工作计划调配委员会,"二所"即中国科学院地质研究所和古生物研究所,"一局"即中央财政经济委员会矿产地质勘探局。

1951年12月30日,李四光在中国地质学会年会上发表讲话《地质工作者在科学战线上做了一些什么》,这篇讲话被《光明日报》《地质论评》等报刊登载,其中很多精辟论述成为一代代科技工作者从事科研工作的指引和座右铭。习近平总书记在2014年两院院士大会上曾引用这篇讲话中的名句"科学的存在全靠它的新发现,如果没有新发现,科学便死了",用以激励我国科研人员高度重视创新,重视原始性专业基础理论突破。

李四光　地质工作者在科学战线上做了一些什么❶

这一次中国地质学会的年会,恰恰是地质学会成立的30年。我们大家都知道,这30年是很富有历史意义的。这种意义在今年"七一"中国共产党诞生30周年纪念日所发表的各项报告、各种文件中已经明确地表现出来了。在这30年中,我们中国人民不管是哪一个集团的人,或者哪一个个人的活动,都成了历

---

❶ 本文是作者于1951年12月30日在中国地质学会年会上的讲话。本书收录时做了节选。

史的事实。那些事实可以说全都是和中国人民革命运动，或多或少、或轻或重、或直接或间接有联系的：有的起正面的作用，有的起反面的作用。

从这一个观点出发，当我们今天开中国地质学会 30 年年会的时候，摆在我们面前最有意义而且在我们看来最重要的一个问题，就是当伟大的中国共产党在毛主席领导下领导着中国人民在各个战线上胜利地前进的时候，我们地质工作者在科学战线上做了一些什么。

所谓科学工作，可以大致地分为三个方面：第一是计划、指导、管理科学工作。第二是搜集和分类科学的资料。第三是狭义的科学研究。这第三方面的工作也可以大致分为两个步骤：头一步可以说是归纳的（这里所谓归纳，指恩格斯讽刺牛顿为归纳驴马的那种归纳）。第二步是演绎的，科学的存在全靠它的新发现，如果没有新发现，科学便死了。演绎就是达到新发现的最后、最重要的一个步骤。

明了了这些，让我们再来看那些国外和在中国的外国科学工作者一般的态度。就我的工

△ 李四光在做学术报告

作范围，我发现了这样一种事实，在外国的外国同行工作者，大都瞧不起中国人的工作，不管你的工作中有什么好东西。如果有些人对你的工作表示有点兴趣的话，他们的兴趣是集中在上面所说的、你的第一类的工作方面搞了一些什么。

其次，他也许半吞半吐地公开地指出在上面所说的第二类工作方面搞了一些什么。如果你所发现的资料是珍贵的东西，他总要想出办法来说，你的发现是由外国人指示的，或者直接受外国人监督的，或者硬把你的工作说成外国人的工作。说到第三方面的工作，那更令人生气，中国人在科学上所做的某些有关原理原则的或者基本问题的工作，他们就一概置之不理，不管那些工作在科学上是如何的重要。

有人可能提出这样的意见，他们可能问到以上所说的外国人中，有没有一些人，哪怕是少数，是不是做了一些真正的科学工作呢？是的。那些科学工作，对中国当时的情况来说，是不是有用呢？是的。我们要不要那些工作的结果呢？要的。那么只是因为那些人是外国人的缘故，就把他们在中国所做的科学上的贡献一概抹杀，是不是公平呢？问题的核心就在这里，我们要明白，技术性的工作是一回事，为了什么样的动机，为了追求什么样的目标去做那些技术工作，又是一回事。动机和目标是判定技术工作的价值的。如果动机和目标是坏的，那么技术工作做得越好，它的影响就越坏。

为了要清除过去经济和文化侵略者在中国遗留下来的余毒，我们才揭露上面所说的各种情况。这并不是说我们就此采取关门主义，相反地，只要站在平等、自发、自愿、互助的基础上，我们欢迎和任何外国朋友讨论，或用适当的方式处理任何科学上的问题。

关于科学上的问题，根据科学的事实，做严格的讨论、尖锐的批评，甚至于比较长期的斗争，是常有的事，并且不一定是坏事。

我们不单独要在我们自己的基础上，用我们自己的标准来解决我们的问题，我还敢说，世界其他地方的地质构造问题，恐怕最后也需要用我们中国地质工作者，至少一部分地质工作者所摸索出来的方法，才能得到解决。如何才能克服像旧时代那种错误的倾向：必须要从外国的教科书上找出来的东西做基础，或者经过外国人称许的方法，才值得一顾。我不是说对于我们中国人自己所做的任何科学技术工作，或者搞出来的任何科学理论，我们就该不加批判，一律捧场。相反地，我要求我们拿出很严肃的精神，来检查自己的工作，才算是尊重我们自己的工作。真正的科学精神，是要从正确的批评和自我批评发展出来的。真正的科学成果，是要经得起事实考验的。

李四光自 1920 年到北京大学任教以后，就一直坚持奋战在地质事业的一线。他在太行山麓、大同盆地等先后发现了第四纪冰川遗迹，推翻了国际上许多冰川权威断言中国无第四纪冰川的错误结论。他在进行科学勘测后，认为中国有非常丰富的油气资源，推翻了当时国际上认为只有在海相地层中才可能出现大油田的理论，让中国摘掉了"贫油国"的帽子。李四光一次次突破权威理论的束缚，用自己的科学新发现为我国科技事业和经济社会发展做出重大贡献。

1971年4月29日，李四光与世长辞。人们在他床头发现一张纸条，上面写道："在我们这样一个伟大的社会主义国家里，我们中国人民有志气、有力量克服一切科学技术上的困难，去打开这个无比庞大的热库，让它为人民所利用……"

在《十二年科技发展远景规划》实施期间，我国发挥举国体制的制度优势，通过社会主义大协作，在一些领域后来居上，取得国际领先的科技成果。

1958年，我国启动在生物体外人工合成牛胰岛素的重大课题。中国科学院生物化学研究所、中国科学院有机化学研究所和北京大学通力合作，于1965年9月成功实现世界首次人工合成牛胰岛素。1966年4月，国际生化学会邀请王应睐、邹承鲁、龚岳亭作为华沙欧洲生化联合会议的演讲者，向全世界宣布这一突破性进展，引起世界轰动。

抗疟新药青蒿素的研制，是在我国科技举国体制下诞生的另一项世界级科技成果。疟疾是世界上最严重的传染病之一，在20世纪60—70年代，全球每年发生的疟疾病例高达数亿。在人类与疟疾的抗争中，中国研制的青蒿素类药物是近半个世纪最有效的抗疟药，在众多非洲患者眼中，青蒿素是"中国神药"。当年，在毛泽东主席和周恩来总理的直接关怀下，在国务院专门成立的"523"办公室具体指导下，国家部委、军队直属和10个省（区、市）及有关军区的数十家单位组成的大协作团队联合攻关，才成功地取得了青蒿素这一重大科技成果。

　　中医研究院屠呦呦及其研究组成员于20世纪70年代初发现了提取和纯化青蒿素的方法，有效地降低了疟疾患者的死亡率。国人骄傲地称之为"中国医学界的两弹一星"，国际学术界赞誉其为"20世纪下半叶最伟大的医学创举"，"在人类的药物史上，能缓解数亿人病痛和压力，并挽救上百个国家数百万人生命的发现的机会并不常有"。2015年10月，屠呦呦因发现疟疾新疗法而获得诺贝尔生理学或医学奖，她也是第一

△ 20世纪50年代，屠呦呦
与楼之岑在中药研究所做研究

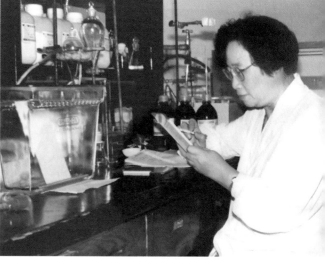

△ 1985年，屠呦呦在实验中

位获得诺贝尔科学奖的中国本土科学家。

数十年后，当回忆起抗疟新药青蒿素的研制工作时，屠呦呦仍然为大协作中所有研发人员的团结、奉献精神而深深感动。

屠呦呦　我有一个希望[1]

回忆当年，研发青蒿素抗疟药这项工作所体现出的团队精神，是令人感动的！所有的研发团队团结协作，努力促进了青蒿素的研究、生产和临床试验，解决了当时国内外大量工作没有突破的耐药性疟疾的治疗问题。中医药和现代科学相结合诞生了青蒿素，这是传统中医药献给世界的一份礼物。

我1951年考入北京大学，毕业以后，1955年中医研究院刚刚成立，我入职后又学了两年半中医，使得在后来的工作中有机会将中西医药学有机地结合起来。

我们在中医药古籍中寻找抗疟药的线索。在东晋时期的《肘后备急方》中首次出现青蒿截疟的记载：青蒿一把，加水浸泡，绞出汁水来服用。大家知道，中药一般都是用水煎煮，而为什么对青蒿采用浸泡绞汁服用的办法？这里面可能存在温度破坏药效成分的问题。还有一个问题是：青蒿的哪个品种、哪个药用部位有效。

---

[1] 根据作者的发言整理，本书收录时做了节选。

　　菊科是个很大的科，蒿属是个很大的属。在古代，我们的老前辈们是不可能用现代植物分类方法来确定品种的。我们做了大量工作，终于从中药青蒿（拉丁植物学名 *Artemisia annua* L.）里分离出青蒿素。5月的青蒿，植株内尚未合成青蒿素，所以在解决品种问题的同时，还要解决采收季节问题、药用部位问题、提取方法问题等。

　　经过反复实践，上述问题被逐一攻克。我们终于把古人留下来的宝贵经验变成了我们的试验方案。

　　临床试验也是一个考验。由于当时特殊的历史环境，很多工作无法正常开展，为了不耽误抗疟药开发进度，并在临床试验时最大限度降低病人风险，我给领导写报告，表示愿意亲自试服，做了一次探路的工作。

　　青蒿素研制成功后，受到国际社会的广泛欢迎，世界卫生组织在积极推广青蒿素联合疗法的同时，对中国人把传统医药与现代科学结合起来研究新药也表示赞赏。获得诺贝尔奖再次证明，这项工作得到国际社会的高度认同。这是我们国家的荣誉，是当年共同工作的同志们的荣誉，也验证了毛主席的话："中国医药学是一个伟大的宝库，应当努力发掘，加以提高。"

　　我们国家在诺贝尔奖上实现了零的突破。我的最大心愿就是希望形成一个新的激励机制，真正发挥出年轻同志的能力、实力，激发大家的创新潜力和求实创业的激情。

哪里有事业，哪里就是家

"党让我们去哪里，我们背上行囊就去哪里。"这是新中国一代代知识分子始终奉行的坚定信念。1955年，为适应国防形势和社会主义建设布局的需要，党中央决定将交通大学从上海迁往西安。交通大学的数千名师生义无反顾登上"向科学进军"的西行列车，投身祖国大西北建设。

△ 交通大学西迁专列乘车证

"我们这个多科性工业大学如何发挥作用，都要更有利于社会主义建设……我们的国家是社会主义国家，因此考虑我们学校的问题必须从社会主义建设的合理部署来考虑。"这是时任交通大学校长彭康在向师生们公布西迁决定时的坚定话语，是一代教育家舍弃小我、胸怀大局的家国情怀的真实写照。

迁校时，很多老教授以身作则，率先垂范。中国"电机之父"钟兆琳，迁校时已57岁，妻子常年患病卧床休养。周恩来总理考虑到他的实际困难，安排他留在上海，但他婉拒了总理的关照，留下女儿照顾妻子，孤身一人前往西安，经过数年奋斗，在西安交通大学建起了国内基础雄厚、条件较好、规模较大、设备日臻完善的电机系。

△ 1959 年的西安交通大学

△ 如今的西安交通大学

　　"要在西北扎下根来，尽毕生之力办好西安交通大学。"老校长彭康朴实而真切的话语，成为"西迁人"数十年如一日为之奋斗的教育目标。交大西迁，改变了中国西部高等教育的格局，改变了西部没有规模宏大的多科性工业大学的面貌。

　　交大西迁已逾一甲子，当年风华正茂的青年教师，而今已至耄耋之年。2017 年 11 月 30 日，在党的十九大胜利召开之际，西安交通大学 15 位西迁老教授给习近平总书记写信，汇报学习党的十九大精神的体会和弘扬奉献报国精神的建议。回望西迁奋斗史，他们写道：

> "哪里有事业，哪里有爱，哪里就是家。"知识分子在党的领导、关怀下，在优秀精神文化的滋养中成长，更应该怀抱为祖国发展胸怀大局、艰苦创业的情怀与使命。西安交大为历史而生，为民族而生。

"哪里有事业，哪里有爱，哪里就是家。"这不仅是一代"西迁人"对"小家"与"大家"的理解，也是无数舍弃小我、胸怀大局的科研工作者用实际行动做出的诠释。当我们翻开中国科技事业发展史，在一项项科技成就的背后，无不渗透着中国科学家浓烈深厚的家国情怀。

被誉为"中国核潜艇之父"的黄旭华，在父母眼中，是一个30年不知所踪的游子。20世纪50年代，为了维护国家领土完整，捍卫海上权益，遏制国外核威胁、"核讹诈"，毛泽东主席发出气势如虹的誓言："核潜艇，一万年也要搞出来！"从那时起，黄旭华和很多并肩作战的同事，就从家人的视线中消失了。

世界各国将高、新、尖端技术，尤其是像核潜艇这类国防技术，都列为国家最高级别机密。黄旭华刚开始从事核潜艇研制工作时，领导就提出三条要求：

第一，核潜艇研制工作机密性极高，要准备干一辈子，进来就不能出去，犯了错误也不能离开，可以做杂务打扫卫生；

第二，不能泄露单位名称、地点、工作性质和任务；

第三，要默默无闻隐姓埋名，当一辈子无名英雄。

深圳试验胜利归来！
1988.4.30.

△ 黄旭华深潜试验胜利归来

我国自行研制核潜艇，是在技术先进国家对我国实行严密封锁的情况下，自力更生、白手起家的。黄旭华带领团队一路攻克道道技术难关，突破了核潜艇最关键、最重大的七项技术。为掌握第一手数据，他不顾个人安危，亲自随队深潜到达极限。1970年12月26日，我国第一艘核潜艇胜利下水。我国核潜艇研制周期之短，为世界核潜艇发展史上所罕见。

1988年，当黄旭华终于有机会回家探望年迈的母亲时，仍然恪守着保密要求的他，只能婉转地用一篇公开报道，让母亲了解儿子30年的去向。自古忠孝难两全，但没有国哪有家，没有家哪有孝！

黄旭华　对国家的忠就是对父母最大的孝 ❶

1958 年 8 月，从上海交通大学造船系毕业近 10 年、参加过常规潜艇转让制造和仿制工作的我被调往北京海军造船技术研究室从事核动力潜艇的设计研究工作，从此，一个甲子的漫长岁月里，我再没离开过核潜艇研制这一极其光荣而重要的岗位。

核潜艇代表着科技的尖端，技术复杂，综合性强，协调面广，要求高，

△ 黄旭华（杜爱军 / 绘）

是一个国家科学技术和工业生产能力的集中体现，是一个国家综合实力的缩影。工作刚开始时，我们不仅技术落后，而且缺乏研制核潜艇的人才和有关核潜艇的知识，手头又没有相关参

❶ 节选自《以身报国　无悔初心》。

考资料，一切都要依靠自己从零开始。

有外国人曾断言，中国想自行研制核潜艇，完全是异想天开，根本不可能。但毛主席不信邪，以大无畏的英雄气概，发出誓言："核潜艇，一万年也要搞出来！"这道出了中国人有志气、有能力靠自己把核潜艇造出来的坚强决心。

1965年6月，国家批准组建核潜艇总体研究所，定点在濒临渤海湾的辽宁葫芦岛。一声令下，原来生活工作在北京的我，和来自上海、大连等条件优越的大城市的近400位同志，义无反顾，不到一个月的时间，就迅速会集到葫芦岛这个荒山半岛。

葫芦岛倚山濒海，港内水深，水域宽阔，冬天冰冻时间短，是难得的天然良港，是发展核潜艇的理想基地。但当时的葫芦岛绝不是休闲度假的良港，而是野草丛生的凄凉之地，冬天奇冷，寒风刺骨，风沙又大。我们的生活也很艰苦，主食是粗糙高粱米，还定量，肉很难买到，食用油每月3两，蔬菜品种极少，中餐白菜烧土豆，晚餐土豆烧白菜。我们每天上班要爬过一个山坡，走50分钟的山路才到工作地点。常年是太阳一出就爬山，太阳落山才回家。

研制核潜艇成了我们那一代人的梦想，大家怀揣着强国梦、强军梦，呕心沥血，默默无闻，苦干惊天动地事，甘做隐姓埋名人，没有先进的科研手段，就用算盘算，用计算尺拉，用磅秤称，只用了不到10年时间，硬是把我们中国的核潜艇造了出来。

我自十几岁离家求学，因战乱一直到1948年学校放暑假才得以回家乡看望父母，一别就近 10 年。我清楚地记得，1956 年，趁去广州出差的机会，我顺道回家住了三天。离开时，母亲对我说："你从小离家，以前是因为战乱回不来，现在好了，你要常常回家来看看。"我满口答应着，却没想到，此别之后，这个心愿竟整整 30 年没能实现。

1958 年加入核潜艇研制战线后，因严格的保密要求，我便开始隐姓埋名，少与家人联络，父亲病逝我也没能回去。家乡的人们一度认为我是不孝之子，大学一毕业就忘了家、忘了养育自己的父母。这么多年来，母亲一直想知道我到底在外面干什么，为什么那么忙，一次家都不回。可是，我不能说。

1988 年春，我终于有机会在工作间隙携妻回乡看望老母。离开家乡的前夜，我给母亲送上一本上海《文汇月刊》(1987 年第 6 期)。母亲戴着老花镜，反复阅读着上面一篇详细记载中国核潜艇总设计师人生经历的 2 万多字的报告文学《赫赫而无名的人生》。文章虽然只提黄总设计师，没提具体名字，但提到了他的妻子李世英。母亲一看就知道这位黄总设计师就是自己多年不知去向的三儿子。她没想到，人间蒸发 30 年、被弟妹们误解为"不要家"的"不孝儿子"，竟在为国家做着一件惊天动地的大事。

母亲含泪读完那篇文章后，把家里的兄弟姐妹召集到一起，语重心长地对他们讲："这么多年，三哥的事情，你们要理解，要谅解他呀！"听到母亲说出"要谅解"这三个字，我哭了。30 多年来，我对母亲、对家、对家乡的情感包袱就在听到母亲说出"要谅解"时，放下了。

自古忠孝难两全。成为核潜艇研制事业的一员，就注定在国与家之间，我只能选择一个。当我的心一次次因思念而倍受煎熬时，当我一次次为不能守在父母身边尽孝而抱憾时，我只有一个坚定的信念：对国家的忠，就是对父母最大的孝。

"老吾老以及人之老，幼吾幼以及人之幼。"中华民族的传统美德，在一代代中国科学家的拼搏与奉献中，被不断赋予新的内涵，不断发扬光大。

20 世纪 60—70 年代出生的中国公民，在孩童时代，都曾经吃过同样的一颗"糖丸"，这是一颗呵护孩子们免受脊髓灰质炎病毒威胁的神奇药丸——脊髓灰质炎疫苗。主持疫苗研制工作的顾方舟，被人们亲切地称为"糖丸爷爷"。

脊髓灰质炎俗称小儿麻痹症，是一种严重危害儿童健康的急性传染病。20 世纪 50 年代，脊髓灰质炎在中国的发病率一直居高不下。1955 年在江苏南通发生的一次脊髓灰质炎流行，造成近 2000 个孩子感染。还有一次在广西的大流行，迫使南宁市居民在

△ 1949—1950 年，实习中的顾方舟与患儿合影

盛夏家家关门闭户，不敢让孩子外出。

1959 年，顾方舟被派往苏联了解脊髓灰质炎疫苗的研制情况。他仔细研究了苏联和美国的疫苗，迫于当时中国经济实力弱、人口众多的现状，

△ 1952 年，顾方舟从苏联寄给妻子的工作照

决定采用脊髓灰质炎减毒活疫苗的防疫路线。自此，顾方舟踏上自主研制疫苗、建立免疫屏障的艰难历程，而这一干，就干了整整一辈子。

很多在孩童时代吃过这颗"糖丸"的人，还记得它那甜甜的味道。然而，最初的疫苗却没有这么香甜可口，它不仅味道不佳，而且在刚刚研制出来时，甚至还有些凶险。在进行第一期临床试验时，由于无法在其他孩子身上做这样冒险的试验，顾方舟毅然决然选择自己年仅一岁的儿子，作为第一个喝下疫苗的试验对象。虽然在此之前，顾方舟已在自己身上试验过，但作为一位父亲，做出这样的决定，仍然承受着巨大的心理煎熬。当同为脊髓灰质炎疫苗研发小组成员的妻子知道此事后，并无一句怨言，她说："如果连我们自己的孩子都不敢吃，怎么拿给全国的孩子们吃呢？"

　　顾方舟认识到要在中国这样一个人口众多、经济落后的发展中国家最终根除脊髓灰质炎，需要经年累月地让全中国的适龄儿童服用疫苗，才能建起免疫屏障。为此，他制订了详细周密的免疫策略：一是以县、乡、镇为单位，确保适龄儿童服用率达到95%以上；二是在7～10天的时间内让这些儿童全部服用疫苗。这种大胆的免疫策略，只有在中国的国家体制下才有可能落地。

　　经过40年的不懈努力，顾方舟带领的科研团队终于在我国成功建立起脊髓灰质炎免疫屏障。2000年，世界卫生组织

△ 1959年，顾方舟（前排右一）与职工在疫苗研发生产基地的建筑工地平整地基

正式宣布中国为无脊髓灰质炎国家。已经 74 岁的顾方舟，在《中国消灭脊髓灰质炎证实报告》上，郑重签下自己的名字。

顾方舟不止一次地说过："我一生只做了一件事，就是做了一颗小小的'糖丸'。"

顾方舟　一生一事 ❶

我觉得这一生中最好的、最值得自己骄傲的，就是选择了公共卫生事业，从事疾病预防工作，而且贡献了自己的一些力量。我们引进了脊髓灰质炎疫苗，亲手建立起它的生产线，把这个疫苗用到我们孩子的身上，而且起到了效果。小儿麻痹不敢说在全世界都被消灭了，但起码在我们国家这个病已经被消灭、被控制了，世界卫生组织已经认可我们的工作，这是最高兴最高兴的事。这事让我有一点成就感，我给老百姓做了一点事。一提起这个事，别人会说这是老顾他们那一伙子人，他们团队做的事。

我能够把自己的才能、自己的力量、自己的知识，奉献给国家，奉献给老百姓，这很不容易。当然这是在平时，在战时就更这样了。牺牲了这么多的战士，他们奉献了自己的才智，甚至自己的生命，我们应该向他们学习。所以要问起我最骄傲

❶ 节选自《一生一事：顾方舟口述史》。

113

的事，就是我做到了我能够做到的事，而且社会上和党组织认可了，我这一辈子没有白活。

人性中最丑陋最丑陋的就是自私，就想着自己，人怎么能光为自己呢？而且还冠冕堂皇地说："人不为己，天诛地灭。"自私引起很多的问题，矛盾、斗争都是自私引起的，现在国际间都是这样。一个人自私，一个民族自私，一个国家自私，都没有好下场，我们恨的就是这个。所以，我们入党以后，组织一直教育我们，人不但不能自私，而且要大公无私，要把自己奉献出来，把你的一切奉献出来，为了周边的老百姓。

生老病死，这是自然规律。一个无神论者，应该很坦然地面对死亡，没有一个人能够长生不老，人终究有一天要离开这个世界。"当他回首往事的时候，不因虚度年华而悔恨，也不因碌碌无为而羞耻。"苏联作家奥斯特洛夫斯基说的这段话非常好。你活在世上，给这个世界，给人类，做了什么，留下了什么，这是你所要考虑的。

我希望当我面对死亡时会感到坦然。起码不觉得愧对老父老母，愧对孩子，愧对周围这些人。我希望没有遗憾：我活这一辈子，不是从别人那里得到了什么，而是我自己给了别人什么。

2019年1月2日，92岁的"糖丸爷爷"顾方舟与世长辞。在生命的最后时刻，他如自己所希望的那样坦然面对死亡，他留给后人的话是："我一生做了一件事，值得……值得……孩子们快快长大，报效祖国。"

科学家要讲真话

"科学精神者何？求真理是已。"任鸿隽在 1916 年发表的《科学精神论》中写下的这句庄严宣告，在半个世纪后的一段特殊岁月里，经历了前所未有的时代考验。

当"文化大革命"汹涌袭来，科技界也无法独善其身。批判爱因斯坦之风硝烟弥漫，作为中国研究相对论的权威，周培源成为极左势力急于攻下的学术"堡垒"。在批判相对论的座谈会上，周培源的发言只围绕爱因斯坦生平及与爱因斯坦的交往展开，他对批判爱因斯坦的回答是：

△ 周培源（杜爱军 / 绘）

爱因斯坦的狭义相对论已被事实证明，批不倒。

广义相对论在学术上有争议，可以讨论。

一个科学家，就要讲真话。

1971 年年底，在国务院科教组召开的全国高教工作会议上，周培源针对在极左思想统治下学校中轻视理论的现象直言进谏，强烈呼吁要重视理科教育和基础理论研究，忽视它们是无知和短视的行为。1972 年春，在周恩来总理的支持下，他在《光明日报》发表《对综合大学理科教育革命的一些看法》一文，批判"四人帮"鼓吹的"以工代理"或"理向工靠"的谬论，强调工和理、应用和理论都必须受到重视，不能偏废。在政治高压面前，以周培源为代表的中国科学家，秉持对真理的追求，挺立在时代的湍流中，成为一代科学人的精神标杆。

周培源　对综合大学理科教育革命的一些看法 ❶

自然科学理论就是人们在生产斗争和科学实验的科学活动中从自然现象内发现的内部联系，即自然现象内部的"是"。人们在掌握了自然规律之后，又运用这些规律去进一步从事生产斗争和科学实验，这就是能动地改造世界。自然科学的发展史，也是人们认识世界和改造世界的发展史。

回顾自然科学发展的历史，我们可以看到一部分学科是从生产斗争中直接产生、发展的。但是，自然科学中有些重大发现和学科在某一阶段的发展，主要是通过包括观察自然现象在内的科学实验，而并不都是因为生产上的直接需要。

社会生产是社会发展的物质基础。生产实践是最基本的社会

---

❶ 本书收录时做了节选。

实践，人们对客观世界的认识主要依赖于生产活动。但是，我们也应充分认识到科学实验和自然科学理论的重大意义。恩格斯说过："在马克思看来，科学是一种在历史上起推动作用的、革命的力量。"从行星绕日运动抽象得来的动力学规律，是在地面上进行工农业生产的理论依据。根据相对论和量子力学的规律就能预见到人类原子能时代的到来，而量子力学又为半导体技术和激光技术在理论上开辟了道路。20世纪微观物理学的建立和发展，为社会生产所需要的能源、材料、新技术等方面开辟了新的领域。

在教育革命中有人说，"工"是改造世界"理"是认识世界的。也有人说"理和工没有什么区别"，或者说"不要强调理和工的区别"。理和工都依据同样的客观规律担负起认识世界和改造世界的任务，在这个意义上说，理和工是没有本质区别的。但是，理和工各有自己的具体任务和特点，它们所处理的具体问题和解决问题的具体方法也不同，因此，理科和工科对人员的培养和要求也应有所区别。"理工不分"的看法，实际上是取消理科，这是十分有害的。

概括地说，理是按自然界物质运动形式的特殊性来划分的，如数、理、化、生、地等门基础科学，而每门又分为若干分支学科。由于人们对客观世界的认识不断深入，各门学科又互相渗透，从而出现新的边缘学科。为此，理科的任务在于对客观世界物质运动规律进行认识、说明、运用和探讨。工是按生产部门进行分类，随着社会生产、国民经济和自然科学的不断发展，会不断地提出和扩大新的生产任务。因此，工有工的具体对象、学科和规律性，并以自然科学规律的综合运用作为它的组成部分，而且往往会牵涉到几门自然科学学科。生产中既有科学问题，又有经济问题。一项工程技术任务，需要几门有关的自然科学，而一门自然科学，由于客观规律的普遍性，可为多项有关的工程技术任务服务。理与工的关系，实质上是基础学科与生产任务的关系，彼此相辅相成，但各有侧重。

问题是对于理论联系实际如何全面理解。理科要满足国家建设的需要，但我们不能把理论联系实际仅仅理解为满足当前的需要。从理论联系实际的广泛意义来说，普通数学不仅和三大革命运动有联系，而且深入到人民的日常生活中去。一个自然科学理论有没有应用，或有没有科学意义，也只有通过实践才能加以判断。有些学科乍看起来与今天的生产实践并无联系，或认为将来可能有需要，但通过实践它们在一定条件下会转化为当前的急需。而且，自然科学的学科与学科之间存在着普遍联系，某些学科对生产能起重大作用或具有重大科学意义，但为了掌握和发展这些学科，也必须学习与研究其他有关学科。此外，理论联系实际也要从全面联系三大革命运动的实际理解。19世纪发现的进化论，给反动的唯心主义的"神创论"以致命的打击。苔藓植物的研究对生产还看不出有多大价值，但苔藓植物的世代交替是植物进化的有力证据。自然科学的任何重大发现都会加强人们认识自然、改造自然的能力，都会对捍卫、丰富、发展辩证唯物主义哲学做出贡献。因此，对一些比较抽象的目前还没有用上的专业，处理要慎重，不宜急于取消，可以对它进行调查研究，了解它们在国内外的发展趋势，开展科学研究工作，通过实践探索它们发展的前景。

由于自然规律的普遍性，两年多的实践证明，理科的专业设置仍宜按学科而不宜按产品区分，既不能漫无目标，又不能过于狭窄，即既要有鲜明的针对性，又要有一定的适应性。至于为什么理科在原则上不宜按产品的生产设立专业，亦即不宜"以工代理"或"理向工靠"，主要是由于产品是综合性的，它牵涉到的学科虽多，但每一个有关的学科的面则比较窄，所以培养出来的学员不能满足对理科人员需有较广的理论基础的要求。如果有些学校因迫切需要必须在理科中建立少数技术性的专业，也不能一概排除。

综合大学理科总结广大群众在工农业生产中所取得的丰富经验，开展理论性的科学研究工作，是促进国民经济的进一步发展、赶超世界先进科学水平的重要措施，是教育革命的重要组成部分。综合大学集中一大批科学技术人员，而且有源源不断地进校学习的新生力量。为此，有必要把他们组织起来，在科学研究上充分发挥他们的作用。科学研究也是提高教学质量、理论联系实际、培养学员用辩证唯物主义的思想方法分析问题解决问题的重要途径。科学研究使他们获得第一手的、活的知识，并了解到现代科学的发展的现状，从而迎头赶上。综合大学的另一优越条件是，集中几门基础科学的人在一起，而近代科学发展的特点是各学科之间的相互交叉、相互推动，为此更便于集中有关各方面的力量对某些项目打歼灭战。在整个国家计划中花在基本理论研究上的力量只能给较小的比重，但综合大学理科要对基本理论的研究给予足够的重视。

钱学森 为什么国内的大学老是『冒』不出有独特

创新的杰出人才

张存浩 欣欣向荣的中国科学呼唤完善的科学道德

第三章 伟大变革

王选 科技顶天，市场立地

严济慈 我为什么要在这个时候入党

茅以升 写于九十岁的入党申请书

卢永根 把青春献给社会主义祖国

谢家麟 跃登天马莫淹留

王永志 每一步都是迈向更新的高度

叶培建 『嫦娥一号』与四大精神

黄大年 如果再给我一次选择的机会

　　1978 年 3 月 18 日，邓小平同志在全国科学大会上强调
"科学技术是生产力""四个现代化，关键是科学技术的现代
化"等著名论断。同年 12 月，中国共产党十一届三中全会在
京召开，由此开启了中国改革开放的华彩乐章。

　　在马克思、恩格斯提出的"科学技术是生产力"重要结
论基础上，邓小平立足中国国情，进一步提出"科学技术是
第一生产力"。中国共产党在这一时期日趋成熟的科技思想，

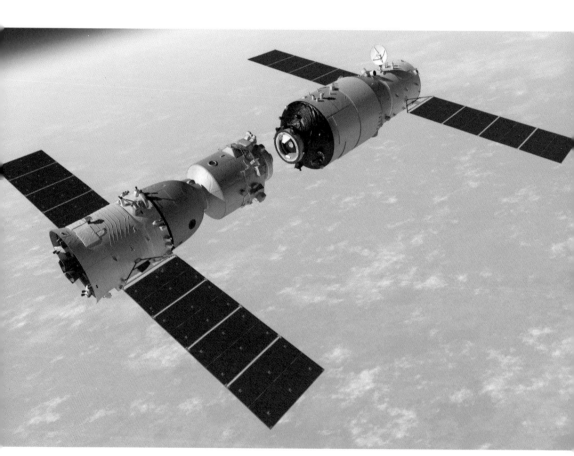

△"天宫一号"与"神舟八号"交会对接示意图

在"科教兴国""可持续发展""建设创新型国家"的发展阶段，得到进一步深化和发展。科学技术作为一种推动变革、创新的伟大力量，逐步被人们所认识和理解。

中共中央还明确把"经济建设必须依靠科学技术，科技工作必须面向经济建设"作为我国科技工作的基本方针，为我国经济和科技的改革和发展指明了方向。1985年3月13日，《中共中央关于科学技术体制改革的决定》正式公布，拉开了全面科技体制改革的序幕。

在科技体制改革的有力推动下，我国实施了一系列国家指令性科技计划，如科技攻关计划、国家自然科学基金、国家高

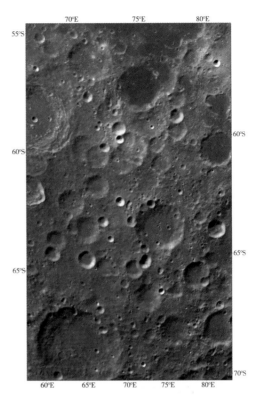

△ 我国第一幅月面图像

△"蛟龙号"入水瞬间

技术研究发展计划（"863"计划）、星火计划、火炬计划等，建立起我国科技发展的战略框架。

改革激发的科技创新活力喷涌而出，我国科技工作者在基础研究、前沿技术等领域勇攀高峰，屡创佳绩。载人航天、探月工程、载人深潜……中国科技事业一次次迎来突破，一次次刷新着人类探索的极限。

△ 全超导托卡马克 EAST 装置主机

拥抱科学的春天

1978 年的初春，邓小平在全国科学大会报告中提出许多著名论述，为准确把握科学技术的地位与作用、正确阐明党的知识分子政策、充分调动科技人员和全国人民投身四个现代化建设的热情和干劲，做出载入史册的历史贡献。

大量的历史事实已经说明：理论研究一旦获得重大突破，迟早会给生产和技术带来极其巨大的进步。

四个现代化，关键是科学技术的现代化。

怎么看待科学研究这种脑力劳动？科学技术正在成为越来越重要的生产力，那么，从事科学技术工作的人是不是劳动者呢？他们的绝大多数已经是工人阶级和劳动人民自己的知识分子，因此也可以说，已经是工人阶级自己的一部分。他们与体力劳动者的区别，只是社会分工的不同。

在全国科学大会的闭幕式上，因病未能出席的中国科学院院长郭沫若以一篇激情澎湃的《科学的春天》作为书面发言，表达全国科技工作者投身祖国新时期建设的豪情与决心。

科学的春天到来了！从我一生的经历，我悟出了一条千真万确的真理：只有社会主义才能解放科学，也只有在科学的基础上才能建设社会主义。

我的这个发言，与其说是一个老科学工作者的心声，毋宁说是对一部巨著的期望。这部伟大的历史巨著，正待我们全体科学工作者和全国各族人民来共同努力，继续创造。它不是写在有限的纸上，而是写在无限的宇宙之间。

春分刚刚过去，清明即将到来。"日出江花红胜火，春来江水绿如蓝。"这是革命的春天，这是人民的春天，这是科学的春天！让我们张开双臂，热烈地拥抱这个春天吧！

焕发出蓬勃活力的科技工作者，以饱满的激情投入到新的创造之中。王选就是这许许多多科技工作者中的一员，这位在40年后以"科技体制改革的实践探索者"身份荣获"改革先锋"称号的科学家，此时正在思考的问题，是怎样把汉字带进信息时代，让中华汉字文化源远流长。

进入20世纪，随着电子计算机和光学技术的迅速发展，西方率先结束了活字印刷，采用了电子照排技术，而中国仍沿用"以火熔铅，以铅铸字，以铅字排版，以铅版印刷"的铅排作业。铅字印刷不仅耗费巨大的人力物力，而且能耗巨大、效率低下、污染严重。

20世纪40年代，美国发明了第一代手动照排机，到70年代，日本流行的是第二代光学机械式照排机，欧美则已流行第三代阴极射线管照排机。我国当时有五个攻关团队从事汉字照排系统的研究，其中两个团队选择了二代机，三个团队采用了三代机。在汉字信息的存储方面，这五个团队全部采取的是模拟存储方式。

经过分析研究，王选得出一个重要结论：研制汉字照排系统，首先要解决汉字信息的存储问题。模拟存储没有发展前途，必须采用"数字存储"的技术途

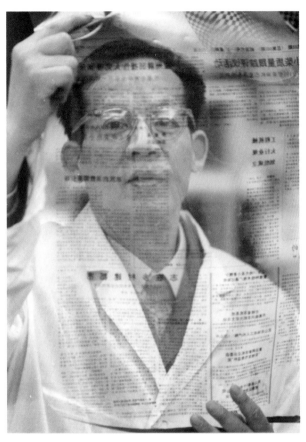

△ 王选在查看汉字激光照排系统排出的报纸胶片

径，即把每个字形变成由许多小点组成的点阵，每个点对应着计算机里的一位二进位信息，存储在计算机内。

英文只有 26 个字母，字体和字号再变化，存储量问题也并不突出。而汉字字数繁多，常用字就有 6700 多个，印刷时又有宋体、黑体、仿宋、楷体等 10 多种字体，每种字体还有约 20 种大小不同的字号。如果将所有字体字号全部用点阵存储进计算机，信息量高达几百亿字节，像座高山一样庞大。

△ **王选和陈堃銶,一对事业上的最佳搭档**

当时我国国产的 DIS130 计算机的磁心存储器,最大容量只有 64 千字节;外存只有一个 512 千字节的磁鼓和 6 兆的磁盘,相当于美国 20 世纪 50 年代末的水平。这么小的存储容量,要存下如此庞大的汉字信息,简直是无法想象的事。

王选通过琢磨每个汉字的笔画,很快发现了规律:汉字虽然繁多,但每个汉字都可以细分成横、竖、折等规则笔画和撇、捺、点、勾等不规则笔画。此时,一个绝妙的设计在王选脑海中形成了——用轮廓加参数的数学方法描述汉字字形。数学和汉字,这两种代表不同意义的学科和符号,被王选和谐、紧密地结合起来,汉字的存储量被总体压缩至原先的 1/500 ～ 1/1000。

王选又设计出一套递推算法,使被压缩的汉字信息高速复原成字形,而且适合通过硬件实现,为日后设计关键的激光照排控制器铺平了道路。更独特的是，王选想出用参数信息控制字形变大或变小时敏感部分的质量的高招，从而实现了字形变倍和变形时的高度保真。仅此一项发明，就比西方早了 10 年。

接下来，在考虑采用什么样的输出方案将压缩后的汉字信息高速、高质量地还原和输出时，王选做出了一个极为大胆的决策：跨过当时流行的二代机和三代机，直接研制世界上尚无商品的第四代激光照排系统。这是王选在研制汉字精密照排系统过程中最为果敢、最具前瞻性的决定。西方 1946 年发明第一代手动式照排机，花了 40 年时间，到 1986 年才开始推广第四代激光照排机。王选于 20 世纪 70 年代提出直接研制第四代激光照排系统，一步跨越了 40 年！

冬去春来，王选带领着同事们不辞劳苦地工作。由国产元器件组成的样机体积庞大，有好几个像冰箱一样大的机柜，而且很不稳定，每次开关机都会

△ 我国用汉字激光照排系统排印的首张报纸样张
（1979 年 7 月 1 日排版，7 月 27 日正式输出）

损坏一些芯片。为了保证进度，只好不关机，大家轮流值班，昼夜工作。经过几十次试验，1979 年 7 月 27 日，我国第一张采用汉字激光照排系统输出的报纸样张《汉字信息处理》，终于在未名湖畔诞生了！

1980 年 9 月 15 日，软件组输出了我国第一本用国产激光照排系统排出的汉字图书——《伍豪之剑》。北京大学校长周培源将《伍豪之剑》样书呈送方毅副总理，并转送政治局委员人手一册。方毅欣然挥笔："这是可喜的成就，印刷术从火与铅的时代过渡到计算机与激光的时代，建议予以支持，请邓副主席批示。"方毅副总理的这句批示，成为多年后人们形容汉字激

△ 1985 年，激光照排系统在新华社投入使用，这是王选（左四）和技术人员查看用系统排印出的新华社新闻稿

光照排系统带来我国印刷技术革命时常用的一句比喻——"告别铅与火，迈入光与电"的缘起。五天后，邓小平写下四个大字——"应加支持"。

1983 年秋，Ⅱ型系统研制成功，这是我国第一个实用的激光照排系统。大家给Ⅱ型机起了一个寓意深刻的名字——"华光"。他们相信，依靠中国人的力量，一定会点亮印刷技术革命的中华之光！

此后，汉字激光照排系统不断迭代更新，技术日趋完善。在技术攻关屡获突破的同时，王选深刻地认识到：即使一个创新的甚至技术上有所突破的成果，如果不经过市场磨炼也很难改进和完善，更不可能取得效益，从而出现"叫好不叫座"的局面。他再次做出一个堪比跨越二代机、三代机的果敢决策，探索"科技顶天，市场立地"的模式，走产学研相结合的道路，建立起融中远期研究、开发、生产、系统测试、销售、培训和售后服务为一体的"一条龙体制"。到 1993 年，国内 99% 的报社和 90% 以上的黑白书刊出版社与印刷厂采用了国产激光照排系统，延续了上百年的中国传统出版印刷行业得到彻底改造。王选率领团队所进行的大胆探索，创造了极大的社会效益和经济效益，成为我国自主创新和用高新技术改造传统行业的典范，被称为"毕昇发明活字印刷术后中国印刷技术的第二次革命"，也为信息时代汉字和中华民族文化的传播与发展创造了条件。

王 选 科技顶天，市场立地 [1]

　　创新是高技术产业的灵魂。我国科研成果转化成商品的比例明显低于发达国家，原因是多方面的，我认为其中一个原因是缺乏创新意识。有些成果基本上是仿制国外已经在市场上大量销售的产品，当费了很大力气做出样机时，国外新一代的产品已经问世。尽管鉴定会上可以得到诸如"80年代末或90年代初国际水平""填补了国内空白"等好的评价，可以申报奖励，但大家都知道，即使再投资，再经历一段艰苦的过程把这一成果变成商品，也无法与国外新产品在市场上抗衡。

　　一项发明或一个新构思往往会带来一大片市场，甚至形成一个新兴产业。施乐公司发明复印术，并在此基础上又发明了激光打印机，这两项成果形成了一个年产值几十亿美元的新产业。创办苹果电脑公司的两位年轻人乔布斯和沃兹，于20世纪70年代中期设想研制一台廉价、可靠和性能较强的微电脑，可以进入家庭。当时沃兹还在惠普公司上班，他的关于发展微电脑的建议没有被惠普公司采纳，于是便和乔布斯一起，在自己的公寓中开发了苹果Ⅰ，证明可以达到很高的稳定性。接着于1977年6月推出了苹果Ⅱ，价格只有1350美元，1978年夏又配

---

[1] 节选自《保证产品生命力的"顶天立地"模式》。

备了专用的软盘机。苹果Ⅱ以它的容易使用和高度可靠一下子形成了微电脑产业，而苹果电脑公司成了当时微电脑产业的第一大公司。

我很欣赏索尼公司名誉董事长井深大的一句话："独创，决不模仿他人，是我的人生哲学。"当然"独创"和"不模仿他人"绝不意味着闭门造车，而应该针对市场需要，大量吸收前人的好成果和分析已有系统的缺点，"需要"和已有技术的"不足"是创造的源泉。我们于1976年做出的跳过第二代光机式和第三代阴极射线管照排机，直接研制激光照排系统的决定，使我国的报业和印刷业没有像其他国家那样经过二代机和三代机的历程，而是一步跳到先进的激光照排和整页输出，并在较短时间内大面积推广。1976年我们提出的汉字字形的轮廓加参数描述和相应的快速复原算法，以及后来十多年内软硬件的一系列新发展，曾大大提高了国产照排系统的竞争能力，从而使国外产品很难在中国有立足之地。针对市场需要，用新方法实现前人所未达到的目标，并迅速实现商品化和大量推广，是占领市场的一种有效方法。

过去由于种种原因，大量优秀人才集中在高校和科学院，而企业创新能力和吸收尚未成熟的科技成果的能力较差。为了加快科技成果的商品化进程，一种办法是建立高校、科学院与企业的联合经济实体。这种联合体的合适形式是股份制。对于信息产业，在条件许可的前提下，直接在高校和科学院的大院大所建立高新技术产业，做到"顶天立地"。"顶天"就是不断追求技术上的新突破,"立地"就是商品化和大量推广、服务。顶天和立地应紧密结合,搞研究的人应使自己的创新研究和设计便于批量生产和大量推广,也就是顶天是为了更好地立地。但一个科学家既要顶天又要立地往往是不大可能的,假如一个科技工作者长时间花主要精力去搞经营,就不大会有精力去钻研技术上的新途径。大学直接创办高新技术产业不仅缩短了商品化、产业化的进程,也促进了新技术和新思想的不断涌现,促进了教学和人才培养。

王选的贡献,不仅是引领了一场行业技术革命,更重要的是走出了一条产学研相结合的成功道路。他反复提出,中国要加强自主创新,企业要成为创新的主体,并通过自己的大胆实践,为科技体制改革探索开路。多年以后,他在回忆自己的创业历程时写道:"20多年前,我是处在创造高峰、并工作在第一线的小人物,幸运的是遇到了党的十一届三中全会以来改革开放的好时代。"

改革是底色,创新是灵魂。1985年,《中共中央关于科学技术体制改革

△ 北京中关村电子一条街成为改革开放初期的科技地标之一

的决定》出台，拉开全面科技体制改革的序幕。此后，我国陆续推出改革科技拨款制度、科研事业费管理办法、专业技术职务聘任制度、自然科学基金制度、建立技术市场等一系列重大举措，通过改革确立科技成果商品化的思想，促进科技与经济的结合，解放和发展科技生产力。改革激发了千千万万"小人物"创新创造的巨大动能，他们成为勇立潮头的时代先锋，用果敢、智慧和汗水奏响中国科技事业的春之交响，汇聚成科技创新的时代大潮，奔涌向前！

不变的牵挂，永远的追随

20世纪80年代，中国社会正逐渐走入改革开放的时代，国门打开之后，各种不同文化、思潮纷至沓来，人们在对过去的反思、对改革开放的憧憬、与西方文化的碰撞和交流中，经历着前所未有的观念重构。

1980年2月9日，《中国青年报》在头版位置刊发了一份不同寻常的入党志愿书，这是年近八旬的著名物理学家严济慈向党组织递交的入党志愿书。他在志愿书中写道：

△ 1980年1月26日，严济慈在讨论通过其加入中国共产党的支部大会上

我今年已经七十九岁了，才写志愿书申请加入伟大、光荣、正确的中国共产党……我虽已年逾古稀，但是我没有迟暮之感。我争取要做一个共产党员，求得光荣的归宿。

这份入党志愿书在读者中引起很大反响，不久，有读者写信提问："一位八十岁的科学工作者为什么要入党？"为回应这些问题，严济慈写下一篇《我为什么要在这个时候入党》，于同年 3 月 6 日刊发在《中国青年报》上。

严济慈　我为什么要在这个时候入党 [1]

　　我是 1980 年 1 月 26 日被批准参加中国共产党的。这一天，对我来说，是一生难忘的。我入党后不久，有人向我提出这样两个问题：（一）一个八十岁的科学工作者为什么要入党？（二）为什么要在一些人认为党的威信下降的今天入党？这两个问题，实际上是一个问题，即我为什么要在这个时候入党。

　　我们常说，中国共产党是伟大的、光荣的、正确的，但要真正认识它，对像我这样从旧社会过来的一个科学工作者来说，那是很不容易的。解放前，我曾怀有"科学救国"的志愿，认为从事科学研究是人类最崇高的事业。因此，我不问政治，整天埋头科学。但是，旧社会的现实，使我不能实现自己的志愿。解放后，由于社会性质的变化，在党的领导下，科研工作很快就开展起来并取得较好的成效。工作的实践，生活的比较，使我悟出这么一个道理：实现四个现代化，离不开科学，而科学的发展，离不开社会主义；社会主义又离不开党的领导。因此

---

[1] 载于 1980 年 3 月 6 日《中国青年报》。

说，党的领导是根本。在长期斗争的磨炼、比较中，我逐步加深了对党的认识，因而产生了加入中国共产党的要求。

理想和信念是生活和工作的动力。有人怀疑说，中国能够在本世纪内实现四个现代化吗？我的回答是：不仅能够，而且还有可能提前。我这样回答有根据吗？有的。一是有党的领导；二是有九亿勤劳勇敢人民的智慧，有五千余年悠久的文化，有三十年来培养的一支奋发有为的科技队伍；三是中国幅员辽阔，资源丰富。由于遭到"四人帮"的严重破坏，这样一个大国不可能一下子达到理想的速度。但我坚信，在党的正确方针指引下，我们正在前进。动了起来，就会加速，就会有极大的速度和能量，冲破一切障碍，以超出预料的速度滚滚向前。这就是我的信念。

一个真正的革命者，一个愿意为共产主义献身的人，他想的只能是革命的需要，在当前来说，就是"四化"的需要，而绝不是个人的得失。至于说我为什么要在有人认为党的威信下降的时候入党，这个提法本身就不大妥当。因为一个要求入党的人，如果他的动机不是为献身共产主义事业，而是视党的威信如何而定，那他不但不配成为一个共产主义战士，说得明白点，就是从个人得失出发的投机者。我是一个科学工作者，我将竭尽所能，为祖国的"四化"贡献一切。因此，在向"四化"进军的新长征途中，我要求入党的心情就更加迫切了，愿意把自己的希望和命运同党的事业紧密地联系在一起。

写到这里，又传来了党的五中全会胜利闭幕的消息。读了公报很受鼓舞。全会决定党中央设立书记处以加强党的领导，讨论通过了《关于党内政治生活的若干准则》和提出了党章修改草案以提高党的战斗力，为刘少奇同志平反，严肃而又恰当地处理犯有严重错误的同志，表明我们的党实事求是，光明磊落，有决心，有魄力，团结全党全国人民，全心全意地为实现四个现代化而奋斗。这些加强和改善党的领导的有力措施，一定会使我国社会主义事业迅速发展。我的信心更足了，信念更坚定了。我要更好地把自己的有生之年献给祖国的社会主义现代化建设事业。

"理想和信念是生活和工作的动力。"正是信仰的力量，促使严济慈在耄耋之年做出加入中国共产党的重要决定，"把自己的希望和命运同党的事业紧密地联系在一起"。

"人生一征途耳，其长百年……"我国著名桥梁专家茅以升经常以这句话来感慨人生，"回首前尘，历历在目，人生之路崎岖多于平坦，忽似深谷，忽似洪涛，幸赖桥梁以渡。桥何名欤？曰奋斗"。

在茅以升的信念中，知识分子的使命是"全心全意为人民服务，永远跟着共产党前进"。新中国成立后，他主持修建了武汉长江大桥，为万人礼堂的结构力学把关，当1959年周恩来总理为万人礼堂征名时，茅以升写下了心目中的名字——人

△ 茅以升在书房

民大会堂。

1962年，66岁的茅以升向周恩来总理提出入党申请。周总理对他说："当然欢迎你加入中国共产党，但像你这样中外知名的科学家，是入党好还是留在党外更便利于工作？应该慎重考虑。"茅以升反复思考周总理的话，领悟到从党和国家的整体利益和长远利益出发，自己留在党外能发挥更大作用。于是，他把入党的愿望深埋心底，直到23年后，年近九旬的茅以升再一次郑重向组织提出加入中国共产党的请求。

茅以升 写于九十岁的入党申请书

邓颖超主席：

一九六二年在广州举行科学规划会议，总理亲临指示。当大会休息期间，总理与竺可桢、吴有训等七八位同在树下谈话。当时，有人提问："民主人士中有不少人被拔过白旗，他们能否申请入党？"总理说："当然可以。"但又指着我向大家说："如茅老，对台湾有较大影响，则以民主党派的身份进行统战工作为宜，不必暴露党员身份。"

二十三年来，我时刻记住总理对我的要求和交给我的任务，我感谢党对我的信任，矢志永远跟着党走。

今年我已年近九十，能为党工作之日日短，而要求入党之心，与日俱增。当前对统一台湾的形势，与过去已有不同，我个人希望能成为一个党员，再为党和祖国竭尽绵薄。如组织上认为我仍以党外人士身份工作为宜，则可否考虑在我身后完此夙愿。恳切陈词，敬希赐予指示为感。

此致

敬礼

茅以升

十一月二十二日

1987年10月12日，91岁高龄的茅以升终于面向鲜红的党旗，庄重地举起右手，一字一句宣读入党誓词。在入党仪式上，他感慨地说："加入中国共产党是我多年的愿望，这个愿望是我一生经验的总结。今天，是我一生中最光荣、最难忘的一天！"

△ 茅以升在 91 岁高龄光荣入党

"为共产主义奋斗终身，随时准备为党和人民牺牲一切。"
这是每个宣誓入党的人立下的誓言，是每个共产党员的庄严承
诺。1949 年 8 月 9 日，19 岁的卢永根在香港一个悬挂着党旗
的小房间里，面向北方，庄严宣誓。从此，8 月 9 日取代了他
的生日，成为他生命中最重要的日子。

新中国成立前夕，卢永根受党组织派遣，赴广州领导地下
学联。大学毕业后，他师从"中国稻作科学之父"丁颖开展科
研工作。丁颖教授在抗战时期冒着战火硝烟，用自己的生命保

护中国野生稻种的经历，令卢永根深感敬佩，他不止一次对自己的恩师说："像您这样先进的科学家早就应该成为共产党内的一员了。"在卢永根的热情鼓励下，丁颖在68岁时加入中国共产党。师徒二人在学术和政治上的互相引领，在南粤学术界被传为一段佳话。

丁颖去世后，卢永根担起了恩师尚未完成的事业。在之后的几十年里，他跑遍全国，翻山越岭把许多珍贵的稻种一株一株地找回来。在他的坚守和带动下，华南农业大学成为我国水稻种质资源收集、保护、研究和利用的重要宝库之一。

2017年3月，87岁高龄身患癌症的卢永根，意识到自己

△ 1963年8月，卢永根（右三）随丁颖院士（左三）在宁夏引黄灌区考察水稻

△ 年逾七旬的卢永根仍然坚持野外考察

正一步步走近生命的终点，他和老伴商量后，做出一个在他们看来很平常，但在其他人看来很不寻常的决定：把毕生积蓄8809446.44元捐赠给华南农业大学教育发展基金会，用于奖励品学兼优的贫困学生，嘉奖忠诚于教学科研的教师，资助国内外著名科学家前来讲学交流。

只有华南农业大学的师生才了解，在这位老校长慷慨捐赠的背后，是对自己近乎苛刻的厉行节约：在卢永根的家里，几乎没有值钱的电器，他和老伴一直用着老式收音机、旧沙发、旧铁架床；一件绿毛衣，他穿了几十年；即便上了年纪，有事外出，他也从来不用学校配的专车，而是背上挎包去坐公交车。也正因为卢永根的节俭，人们亲切地称他为"布衣院士"。

△ 这件绿毛衣，多次出现在卢永根不同年份的照片里

虽然疾病缠身，但卢永根在病房里依然坚持参加党员活动，过组织生活，他说："我的意识是清醒的，我的牵挂是不变的，我的信仰是坚定的！""是党培养了我，把财产还给国家，是我最后的贡献。"这些朴素的话语，是这位老共产党员最赤诚的表达！就在捐出毕生积蓄后不久，卢永根又签下一份协议，身后捐献自己的遗体——他把所能奉献的全部，都毫无保留地献了出来。

1984 年，卢永根在给学生做的报告《把青春献给社会主义祖国》中，修改了裴多菲的箴言诗《自由与爱情》："生命诚可贵，爱情价亦高，若为祖国故，两者皆可抛。"在他心里，党和祖国高于一切，他用一生，为自己所坚守的信仰做了最好的诠释。

卢永根　把青春献给社会主义祖国 [1]

　　中华民族是伟大的民族，爱国主义是这个民族的光荣传统。我们民族由发生、发展到繁衍至有 10 亿人口的今天。这其中，经历了许多苦难和曲折，如外族的入侵、内部的动乱等。但是，我们的民族始终没有被削弱、被分裂、被消灭，而是不断前进。终于，在中国共产党的领导下，成为屹立于世界东方的巨人。

　　我们中华民族，在人类的文明史上是做过重大贡献的。在幅员辽阔的 960 万平方公里的土地上，我们的祖先用勤劳的双手，开垦出 22 亿亩耕地，驯化了 20 多种果树和作物。同时，我国也是世界 8 个重要的作物起源中心之一，对世界农业的发展，做出过重大的贡献。通过长期的驯化、选育，培育出了各种各样的动植物品种，这也是世界著称的。大家所熟悉的四大发明，都是我们民族首创的。在很古的时候，我们的祖先就已经掌握了精湛的建筑艺术。如北京、杭州和苏州等地各具风格的园林建筑就是证明。距今 1300 多年的隋代，我们的祖先开凿了全长1790 公里的大运河，这也是目前世界上最长的人工运河。

　　我们的民族是酷爱和平的，但也从不屈服于外来的侵略。所以说，爱国主义是这个民族的光荣传统。我国著名的火箭专

---

[1] 本书收录时做了节选。

家钱学森曾经说过，中国的知识分子有两个特点：一是爱国，二是不笨。中国的知识分子有强烈的民族自尊心和民族自豪感，把自己的命运同祖国的、民族的和人民的利益紧紧地联系在一起。在解放战争时期，北京大学有个名叫朱自清的教授，他拍案而起，宁可饿死也不吃美国救济粮的故事，充分表现出中国知识分子大义凛然的民族气节。当新中国刚诞生，钱学森等大批学者就纷纷回国。他们放弃了优厚的生活待遇和优越的工作条件，毅然回国。这是什么精神？这就是爱国主义精神！他们回国图的是什么呢？当时，在百废待举的新中国，不要说是享受，就连解决吃饭问题也是件很不容易的事情啊！这正如钱学森说的，我什么也不图，只有一个，为祖国争光。

为了发扬这个伟大而光荣的传统，当前，我们从思想认识到实践上要回答的几个问题是什么呢？

第一个问题：我们应当如何看待我们的社会现实。有人说，我们的国家很穷。爱国怎么能爱得起来？的确，我们国家目前还比较贫穷和落后，现实就是这样，但这是相对的，是同发达国家比较而言的。我们承认落后，目的就是奋发图强。伟大的中华民族为什么在近代落伍了？从腐败的清王朝开始，到国民党的反动统治结束。在长达100多年的历史时期，有世界上帝国主义列强的瓜分，有日本帝国主义的侵略和蹂躏。远的姑且不说，就谈谈国民党撤出大陆前那段时期的一鳞半爪吧。当时，充斥市场的东西，尽是"洋"货，连小小的一枝铅笔也不例外。民不聊生，通货膨胀。大学教师领薪水是用麻包袋来装"钱（钞票）"的，可算是天下奇闻！我国今天各方面的发展情况，是多么来之不易啊！

第二个问题：党风问题。对党内不正之风，包括我在内的广大的正直的共产党员是深恶痛绝的。三中全会以来，党中央采取了一系列措施，使党风日益好转，这是有目共睹的事实。但是，要彻底纠正不正之风，尤其是在"文化大革命"中得到滋长的许多歪风邪气，需要时间，需要共产党员共同努力奋斗。一个执政党能下决心公开揭露自己的缺点和错误，说明我们党代表了人民的根本利益，是有力量的表现。

第三个问题：社会风气问题。我们的社会风气，总的来说是好的。但我们还不满意，因为还有许多地方要改进，有的还要花大气力去改进。问题是人人都应该"从我做起，从现在做起"。扭转社会不良风气，靠什么呢？一靠党的领导，二靠政府制定法律和措施，但更重要的是靠大家的自觉行动，尤其是年青一代大学生的模范行动。

青年学生当前爱国主义的具体行动体现在哪里？我认为应具体体现在以下四个方面：一是为振兴中华而勤奋学习和刻苦钻研。二是自觉地把自己的前途和命运与祖国的前途和命运紧紧地联系在一起。三是培养强烈的民族自尊心和民族自豪感，牢固树立为祖国争光的雄心壮志。四是清除利己主义思想。要关心集体，热爱生活。匈牙利著名诗人裴多菲曾经在一首诗中写道："生命诚可贵，爱情价更高，若为自由故，两者皆可抛。"如果我借用这首诗，可否稍为改动一下："生命诚可贵，爱情价亦高，若为祖国故，两者皆可抛。"

亲爱的同学们，你们这一代青年是幸福的，有着积极进取的向上精神。我今天的发言，如果能像一束小火花一样，点燃你们心扉中的爱国主义火焰，并迸发出热情，去为振兴中华而奋斗，那是我所热切期待的。

迈向更新的高度

20 世纪 80 年代初，在美苏军备竞赛的背景下，美国立足于"高边疆"战略思想，出台"战略防御计划"，其核心是建立空间武器系统，形成应对战略核武器攻击的空间防御体系，开拓太空工业化领域，获取宇宙空间的丰富资源。由于该计划主要以太空为基地，因此也被称为"星球大战计划"。"星球大战计划"不仅是一个有可能打破"核平衡"的国防发展计划，同时也是一项拉动高技术集群发展的国家战略。在此后数年间，世界主要发达国家针对"星球大战计划"的对策、计划纷纷出台，掀起了新一轮技术竞争的浪潮。

△ 王大珩（杜爱军 / 绘）

面对日趋激烈的国际竞争和高技术的蓬勃发展，王大珩、王淦昌、陈芳允、杨嘉墀四位曾经参加"两弹一星"工作的科学家，于 1986 年 3 月 3 日上书党中央，提出《关于跟踪研究外国战略性高技术发展的建议》。四位科学家在建议中写道：

△ 王淦昌（杜爱军／绘）　　△ 陈芳允（杜爱军／绘）　　△ 杨嘉墀（杜爱军／绘）

为了我国现代化的继续前进，我们就得迎接这新的挑战，追赶上去，绝不能置之不顾，或者以为可以等待 10 年、15 年……必须从现在抓起，以力所能及的资金和人力跟踪新技术的发展进程。须知，当今世界的竞争非常激烈，稍一懈怠，就会一蹶不振。此时不抓，就会落后到以后翻不了身的地步……在整个世界都在加速新技术发展的形势下，我们若不急起直追，后果是不堪设想的。千里之行，始于足下，因事关我国今后的国际地位和进入 21 世纪后在经济和国际方面能否进入前列的问题，我们不得不说……

3 月 5 日，邓小平做出"此事宜速作决断，不可拖延"的重要批示。11 月 18 日，中共中央、国务院批准实施《高技术研究发展计划纲要》，纲要采取了制定有限项目实行重点突破的方针，重点选择对国力具有重要影响的战略性项目，提出生物技术、航天技术、信息技术、先进防御技术、自动化技术、能源技术和新材料技术 7 个领域的 15 个主题项目，作为我国发展高技术的重点。这项计划因在 1986 年 3 月提出，故后被称为"863"计划。

除了"863"计划，在科技体制改革的有力推动下，我国还实施了一系列国家指令性科技计划，如科技攻关计划、国家自然科学基金、星火计划、火炬计划等，建立起我国科技发展的战略框架，对促进高新技术及其产业发展、加强基础研究起到巨大推动作用。

进入 20 世纪 90 年代，世界科技发展日新月异，科学技术对经济社会发展的推动作用日益明显，成为决定国家综合国力和国际地位的重要因素。党中央把握世界科技发展趋势和我国现代化建设需要，提出并实施"科教兴国""可持续发展"等国家战略，推动中国特色社会主义事业实现世纪跨越。

党的十六大综合分析国内外发展大势，把创新作为推动经济社会发展的驱动力量，提出增强自主创新能力、建设创新型国家的重大战略思想。党的十七大明确指出，"提高自主创新能力，建设创新型国家"是国家发展战略的核心，是提高综合国力的关键，强调要坚持走中国特色自主创新道路，把增强自主创新能力贯彻到现代化建设的各个方面。

从"科学技术是第一生产力"的提出，到"科教兴国""可持续发展""建设创新型国家"对这一思想的进一步深化，中国科技事业在跨越世纪的发展中迎来一次又一次跃迁，为经济社会发展做出巨大贡献，为国家综合国力和国际地位的提升提供了有力支撑。

------◇　◇------

　　1988 年 10 月 16 日，凝聚着中国几代高能物理学家梦想与心血的、在中国科学院高能物理研究所建造的北京正负电子对撞机（BEPC）首次实现束流对撞，宣告建造成功。这是中国高能物理发展史上的重要里程碑，《人民日报》报道这一成就时，称"这是我国继原子弹、氢弹爆炸成功、人造卫星上天之后，在高科技领域又一重大突破性成就"，"它的建成和对撞

△ 北京正负电子对撞机国家实验室鸟瞰图

成功，为我国粒子物理和同步辐射应用开辟了广阔的前景，揭开了我国高能物理研究的新篇章"。

古往今来，人们一直在思考、探索：世界万物究竟是由什么构成的？它有最小的基本结构吗？高能物理就是一门研究物质的微观基本组元和它们之间相互作用规律的前沿学科。对撞机正是观察微观世界的"显微镜"，它将两束粒子（如质子、电子等）加速到极高的能量并迎头相撞，通过研究高能粒子对撞时产生的各种反应，研究物质深层次的微观结构。

我国的高能物理研究始于 20 世纪 60 年代，走过了漫长而曲折的道路。1972 年 8 月，张文裕等 18 位科技工作者致信周恩来总理，提出发展中国高能物理研究的建议。周总理亲笔回信指出：

这件事不能再延迟了。科学院必须把基础科学和理论研究抓起来，同时又要把理论研究和科学实验结合起来。高能物理研究及高能加速器的预制研究应该成为科学院要抓的主要项目之一。

在周恩来总理的亲切关怀下，中国科学院高能物理研究所于 1973 年年初在原子能研究所一部的基础上成立，开始了我国高能物理研究走向世界的新征程。

1975 年 3 月，已重病卧床的周恩来总理和当时刚刚重新主持工作的邓小平一起批准了高能加速器预制研究计划。在这

之后，高能物理研究所又提出多个加速器研制方案。1979年
1月，邓小平率中国政府代表团访美，国家科委与美国能源部
签订中美《在高能物理领域进行合作的执行协议》，并成立了
中美高能物理合作委员会。在经历了从20世纪50年代起高
能加速器建设计划"七上七下"的曲折过程后，1981年年底，
中国科学院向党中央报告，提出建设北京正负电子对撞机的方
案。邓小平在报告上批示："他们所提方案比较切实可行，我
赞成加以批准，不再犹豫。"

　　1984年10月7日，北京正负电子对撞机工程破土动工。
邓小平亲自题词并为工程奠基，铲下了第一锹土，又亲切接见
了工程建设者的代表。国家的重视和改革开放，极大地鼓舞

△ 1986年8月，技术负责人谢家麟为北京正负电子对撞机上的
第一块聚焦磁铁钉上标牌

了中国科学院高能物理研究所和全国上百家单位的工程建设者，他们发挥社会主义大协作精神，夜以继日，奋战了四年。1988 年 10 月 16 日，对撞机首次实现正负电子对撞，完成了小平同志提出的"我们的加速器必须保证如期甚至提前完成"的目标。仅仅四年时间，中国的高能加速器从无到有再到建造成功，这一建设速度在国际加速器建造史上也是罕见的。

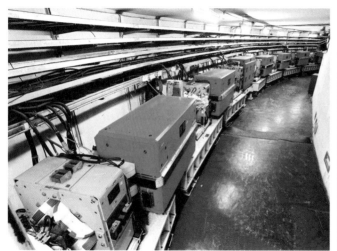
△ BEPC 储存环

△ BEPC 上的大型探测器——
北京谱仪

　　1988 年 10 月 24 日，邓小平又一次到高能物理研究所视察，发表了重要讲话《中国必须在世界高科技领域占有一席之地》。他铿锵有力地说：

　　过去也好，今天也好，将来也好，中国必须发展自己的高科技，在世界高科技领域占有一席之地。如果 60 年代以来中国没有原子弹、氢弹，没有发射卫星，中国就不能叫"有重要影响的大国"，就没有现在这样的国际地位。这些东西反映一个民族的能力，也是一个民族、一个国家兴旺发达的标志。

北京正负电子对撞机建成后，结出累累硕果。2004 年年初，北京正负电子对撞机重大改造工程（BEPC Ⅱ）启动。科研人员根据"一机两用"的设计原则，采用了独特的三环结构，满足了高能物理实验和同步辐射应用的要求。工程建设者继续发扬在对撞机建设中形成的"团结、唯实、创新、奉

△ BEPC Ⅱ储存环

△ 北京谱仪 BES Ⅲ

"献"的精神，依靠改革开放带来的社会发展和科技进步，圆满完成了各项重大改造工程的建设任务，于2009年7月通过国家竣工验收，成果荣获2016年国家科学技术进步奖一等奖。

2011年度"国家最高科学技术奖"获得者谢家麟，从北京正负电子对撞机开始设计到进行安装，一直担任技术负责人。这位带领团队创造了国际加速器建设史上的奇迹的科学家，在谈到自己的工作时曾经深情地说："我永远深信，一个科技工作者完成他的任务时的快慰和满足，实在是他能够得到的最大奖励了。"

△ 谢家麟

谢家麟1955年回到祖国参加新中国的建设，他的科研生涯也是新中国科技事业从"一张白纸"到迭创佳绩发展历程的缩影。在决定回国时，他心中只有一个朴素的想法：留在美国工作只是"锦上添花"，而回到祖国则是"雪中送炭"，希望自己能对祖国做出些贡献。在谢家麟的理解中，一个人没有成为伟大的人物是可以原谅的，但若没有履行一个勤奋敬业的优秀公民的义务，却是不可原谅的。他在晚年回顾自己的人生旅途时，用"跃登天马莫淹留"的豪情激励年轻人勇攀高峰，但同时也告诫青年学子，要当好一块"平凡的砖瓦"。

谢家麟　跃登天马莫淹留 ❶

我 1955 年回国至今，已经在中国科学院工作了 57 年。回国之初，我国的科技事业刚刚起步，几乎是一张白纸，一切从零做起。而短短的半个世纪，如今在航天、核能、高能物理、现代农业、生物、化学、医学等诸多领域，已经跻身国际先进行列。这些成绩的取得，源于国家对科技发展的鼎力支持，归功于千百万科技工作者执着的努力。能够见证中国科技发展的历史，并以个人微薄的力量参与其中，做出一些贡献，是我的幸运。我个人所取得的成就，应该归功于伟大的时代，归功于前辈的启迪，归功于科研集体的共同努力。

几十年来，时常有人问起，是否后悔当年回国的决定，我总是回答："我不但不后悔，而且感到非常庆幸，做了正确的

---

❶ 节选自《我的人生旅途：写给青年人》。

回国的选择。使我有机会施展自己所学的知识，为祖国建设服务。"这完全是我至今的心态。事实上，在我 1955 年回国之初，有记者也问过我为什么要回国，我曾告他：我留学期间学到了一点点本领，留在美国工作只是"锦上添花"，而回到祖国则是"雪中送炭"。希望自己能对生我育我的祖国做出些贡献，乃是我们这代留学生的普遍心声。

众所周知，社会需要的是德才兼备的人才，而又以德为主。要做一个正直、正派的人。一个人没有成为伟大的人物是可以原谅的，因为这需要特殊的能力与机遇，但若没当好一块"平凡的砖瓦"却是不可原谅的，因为做一个有道德的、勤奋敬业的优秀公民是谁都应该而且可以做到的。在学校读书求知，如入宝山，俯仰即得。但人的精力有限，终究要集中于某些方面。我是搞科学技术的，对科技自然有些偏爱，也深知科技对一个现代化强国的重要性，故此殷切地希望有更多的青年献身于此。

△ 1993 年，谢家麟在北京自由电子激光装置控制台前

要知道，在漫长的求知、致用的科研道路上，进入大学只是万里长征第一步，即便有了博士学位，也只是科研事业的开端。因为，一个人占有的知识终究是有限的，更重要的是掌握学习方法，这才是拥有了活水的源头，它会

△ 谢家麟在新型电子直线加速器前

使你终生受用，取之不尽，用之不竭。

从大学到留学，我都是学习物理的，但一生所作所为又大都是技术性很强的工作，参与过几项大科学工程。同时，我早年是经常自己动手的，相信"说"与"做"的统一。在这个背景下，可能使我的认识有经验主义的倾向，不过如果我的手脑兼用的经验，能对从事综合性强的实验工作者有点参考价值，我也就会感到十分的满足了。

法国勒布蒂特教授曾说过，他如果像猫那样真有九条命，他希望用九条命都来进行科研工作，中国也有一句话，"九死不悔"，我自身对科研工作的爱好颇能使我体会到这些话的感情境界。但可惜"神龟虽寿，终有尽时"，我觉得我国加速器界还有大量的重要的工作要做，应该尽快填补空白、迎头赶上。但这些只好留待后人了。

曾经两次获诺贝尔奖的英国生物学家桑格说："有的人投身于科学研究的主要目的就是为了得奖，而且一直千方百计地考虑如何才能得奖，这样的人是不会成功的。要想真正在科学领域有所成就，你必须对它有兴趣，你必须做好进行艰苦工作和遇到挫折时不会泄气的思想准备。"

20 世纪 80 年代，我曾有机会游览敦煌胜迹，看到了锦绣河山，体会到中华民族悠久的灿烂文化传统，我不禁慨慷系之。深感我们后代不应只吃辉煌过去的老本，应该把祖先业绩发扬光大，要抓住机遇，努力赶上世界的前沿，做出不愧于炎黄子孙的贡献。曾写小诗明志：

老来藉会到凉州，千古烟霞眼底收。

绿被兰山左氏柳，雄关嘉峪古城头。

黄沙漠漠丝绸路，白雪凝凝川水流。

石室宝藏观止矣，跃登天马莫淹留。

愿以此与青年人共勉。

———◇——◇———

2003 年 10 月 15 日，我国第一艘载人飞船"神舟五号"发射成功，中国成为继苏联和美国之后世界上第三个将人类送入太空的国家，中国人几千年的飞天梦想终成现实。

现代宇宙航行学、航天学和火箭理论的奠基人康斯坦丁·齐奥尔科夫斯基曾说："地球是人类的摇篮，但人类不可能永远被束缚在摇篮里。"我国自古就有嫦娥奔月的美丽传说、夸父逐日的动人神话，敦煌壁画中千姿百态的飞天图景勾勒出古代先民对无限深空的美好憧憬，万户飞天的勇敢尝试记录着华夏祖先用生命镌刻下的迈向地外空间的第一行足迹。飞天梦，融在华夏民族的血液里，激励一代代有志之士前赴后继、逐梦天际。

1956 年 2 月，钱学森根据周恩来总理的指示，起草了《建立我国国防航空工业的意见书》，提出我国火箭、导弹事业的组织方案、发展计划和具体措施。同年 3 月，中央决定组建专门从事火箭、导弹的研究机构，中国航天事业由此起步。"863"计划实施后，我国载人航天相关技术被列入国家重点发展计划。1992 年 9 月 21 日，经中央批准，中国载人航天工程正式启动。基于我国国情，确定了载人航天工程从飞船起步、空间实验室过渡，到目标直指空间站的"三步走"技术发展途径。

1999 年 11 月 20 日，第一艘试验飞船"神舟一号"在酒泉卫星发射中心发射升空，21 小时后，飞船成功着陆，中国载人航天工程首飞取得圆满成功。随后，我国相继发射了"神舟二号""神舟三号""神舟四号"飞船，飞船的各项性能得到不断完善，为载人航天飞行奠定了坚实的基础。

2003 年 10 月 15 日，"神舟五号"载人飞船在酒泉卫星发射中心发射升空，载着首飞航天员杨利伟在太空邀游 14 圈后，安全着陆于内蒙古自治区四子王旗。我国首次载人航天飞行的圆满成功，铸就了航天发展史上一座新的里程碑，标志着我国继苏联、美国之后，成为世界上第三个独立自主完整掌握载人航天技术的国家。中共中央、国务院、中央军委贺电："这是中华民族在攀登世界科技高峰征程上完成的一个伟大壮举。全世界为之瞩目，全国各族人民为之自豪。"至此，我国载人航天工程第一步顺利完成，开始迈入第二步——空间实验室阶段。

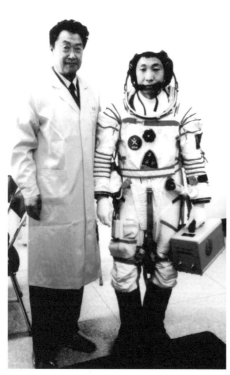

△ 载人航天工程首任总设计师王永志
送杨利伟出征

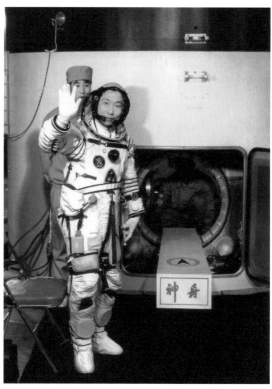

△"神舟五号"任务航天员杨利伟
进入飞船前向人们挥手致意

2004 年，美国提出"新太空探索计划"，决定于 2010 年废弃国际空间站而重返月球。这一变化对我国载人航天工程"三步走"战略中第三步——空间站的论证工作影响很大。有人提出：美国都不干了，中国的空间站还要不要干？美国在载人航天方面不与中国合作，中国独立干能干得起吗？即便中国自己干，是否只宜干一个核心舱段？各种意见莫衷一是，中国载人航天工程面临发展方向和路径的抉择。

中国载人航天工程首任总设计师王永志，曾经用这样一句话概括航天事业的精髓："航天是一个不断创新的事业，每一步都是迈向更新的高度。"当中国实现首次载人航天、"多人多天"巡天等连续重大突破后，按计划实施第二步时，载人航天工程后续发展问题也被提上议事日程：空间站要不要建？怎么建？我国的国力能否承担得起？2007 年，正值中国空间站工程实施方案论证的关键时期，11 月 16 日，航天界领导、专家齐聚一堂，参加中国运载火箭技术研究院成立五十周年高峰论坛。在这次航天界的盛会上，王永志用一篇充满感情、同时也充满理性思考的发言，有理有据地阐明了我国建造空间站的必要性、可行性，表达了航天人的信心和决心。

△ 王永志

王永志 每一步都是迈向更新的高度 [1]

宇宙是奥妙神奇的，夜空里的点点繁星，诱发古今中外多少人的无限遐想。嫦娥奔月的美丽传说、莫高窟曼妙多姿的飞天形象、万户的飞天壮举……无不展露出中华民族由来已久的飞天梦。中国载人航天从梦想到科学，走过了漫长的道路。

我国正在进行的载人航天工程起源于"863"计划，1992年9月21日确定实施，明确了"三步走"的发展战略方针：第一步，发射两艘无人飞船和一艘载人飞船，建成初步配套的试验性载人飞船工程，开展空间应用实验。第二步，突破载人飞船和空间飞行器的交会对接技术，并利用载人飞船技术改装、发射一个8吨级的空间实验室，解决有一定规模的、短期有人照料的空间应用问题。第三步，建造20吨级的空间站，解决有较大规模的、长期有人照料的空间应用问题。

载人航天飞行任务的圆满成功，标志着我国载人航天工程的第一步计划已经顺利完成。目前，第二步任务也已起步。

关于工程的第三步任务目标，在中央专委1992年4号文件中没有规定建成日期，也没有明确具体技术途径和技术方案。15年过去了，我们是否不改初衷？如果要建空间站，是走国际

---

[1] 本文节选自作者于2007年11月16日在中国运载火箭技术研究院成立五十周年高峰论坛上所做的主题报告《中国载人航天工程持续发展的探讨》。

合作的道路，还是独立建造、独立运营？如果是自己独立干，我们有那么大的经济实力和技术基础吗？

经过十几年的发展，我国载人航天工程目前正处在继续发展的关键阶段。如何合理确定任务目标、采取何种技术途径以及各阶段任务目标如何合理衔接，都是需要认真研究的重大问题。这些问题如果论证清楚，扎实有据、合理可行，对于确保我国载人航天事业的持续发展具有十分重要的意义。

对于空间站的地位和作用，难免出现不同的认识。我个人和参与研究的同志对建设和运营我们自己的空间站的基本认识是：第一，建造自己的空间站是很有必要的。第二，这个空间站应该是小型、只有两三个基本舱段、有自己特色、经济上是可承受的。第三，通过技术上的创新，这个空间站不一定要长期有人驻留。第四，空间站采用的技术应该具有持续发展的潜力。

建设空间站具有必要性与技术合理性。建造和运营空间站对于突破和掌握人类在太空长期生存、生活和工作的相关技术，开展较大规模空间科学实验和空间应用具有不可替代的地位。如果国际空间站 2010 年左右能够建成，并且再使用 10 年，那么从 1971 年苏联发射"礼炮 1 号"试验性空间站起，到 2020 年左右的 50 年间，唯一没有间断的载人航天活动就是空间站的建设和应用，建造空间站是通向未来更高、更远目标的必由之路。在国际载人航天发展上，苏联采取了慎重稳妥、循序渐进的策略，所采用的技术路线为近地"飞船—空间实验室—空间站"，每一步都最大限度地利用已有成熟技术，结果在空间站领域技高一筹。由此可见，我国载人航天工程"三步走"的决策是符合世界载人航天发展规律的，应该坚定不移地走下去！

控制规模，创新技术，降低成本。当然我们应该从国情和实际需要出发，合理确定空间站的规模和技术路线。将空间站规模定位在3个基本舱段构成的小型试验性空间站，有效载荷实验支持能力达到17吨，将运营模式由长期有人驻守改为定期或不定期有人照料，并采用遥操作和遥技术实现无人驻守时对不同任务的支持，既减少了空间站的建造和运营费用又体现了技术创新，应该是我们能够实现的比较合理的目标。

立足独立自主，欢迎国际合作。航天领域的国际合作能否实现，首先是政治因素起决定性作用，此外还受技术和经济等多方面因素的影响。到目前为止，美国明确表示，在载人航天方面不同中国合作，迄今为止也没有哪个国家表示有意与中国共同建造空间站。既然没有进行国际合作建站的机会，我们就要立足于独立自主，自己干，在干的过程中寻找有利的国际合作机会。这样做，可以使我们独立掌握建造和运营空间站的所有技术，并开展规模比较大的空间应用。特别是我们可以完全根据国家的需要，自主安排与国家安全利益直接相关的空间应用项目。更重要的是我们将拥有完整的载人航天体系，这应该是确保我国载人航天持续发展的合理选择。

合理安排计划，筑牢技术基础。要建成完整的载人航天体系，除了已经掌握的载人飞船技术，我们还要继续突破一系列技术问题。通过工程第二步任务的实践，我们将具备建设和运营空间站的技术条件。

宇宙是无边无际的，人类探索宇宙的活动也必将是无止境的。载人航天作为一个巨型系统工程，科学确定其发展目标和未来走向是一个艰巨又事关重大的战略任务。我们相信，随着国家中长期科学和技术发展规划的逐步完成，中国人不但只是进入太空，更将进驻太空。这样的梦想一定会实现！

△ 担任载人航天工程高级顾问的王永志在我国首次交会对接任务指挥大厅

2010年9月，我国空间站实施方案获中央政治局常委会审议批准实施。值得一提的是，就在同一年，美国取消了重返月球计划，决定将国际空间站延期使用到2020年左右。

我国启动载人航天工程时，比美国、苏联等国家晚了近40年。"如同运动员在起跑线上晚了一步，我们唯一能做的，就是以比别人更大的步伐、更快的速度来追赶。"这是王永志在谈到中国载人航天工程时的感慨，也是千千万万航天人对自己的鞭策。在一次次技术攻关中，在航天报国的伟大实践中，他们铸就了"特别能吃苦、特别能战斗、特别能攻关、特别能奉献"的载人航天精神，以自己的智慧和汗水推动载人航天事业实现一次又一次跨越。

2008年9月25日，"神舟七号"升空，27日，翟志刚打开飞船轨道舱舱门，迈出中国人漫步太空的第一步。2011年9月29日，"天宫一号"空间目标飞行器成功发射，11月3日凌晨，"神舟八号"飞船与"天宫一号"目标飞行器成功对接，我国成为世界上第三个自主掌握空间交会对接技术的国家。

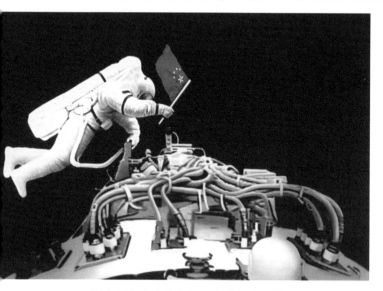

△ 翟志刚在太空中挥舞国旗向世界问好

△ "天宫一号" 与 "神舟八号" 交会对接示意图

中国载人航天实践表明，我们独立思考、自主创新、独立自主地干，这是完全正确的；中国按照自己的需求设计和建造空间站，这条路我们也走对了。在建党百年之际，在茫茫太空中将巍然矗立起中国自己的空间站！"每一步都是迈向更新的高度。"中国航天，将把鲜艳的五星红旗一次次展开在浩渺无垠的太空深处。

2007 年 11 月 26 日，中国国家航天局正式公布了首次月球探测工程第一幅月面图像。月球，这个无数次出现在中国神话传说、诗词歌赋中的浪漫形象，第一次这样真切地走进国

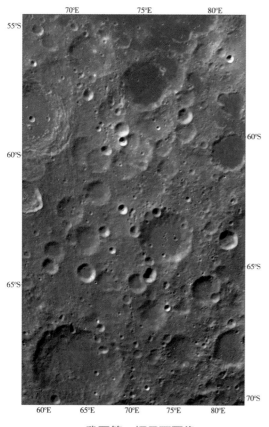

△ 我国第一幅月面图像

人的视野。第一幅月面图像是绕月探测工程成功最重要的标志之一，宣告我国千年奔月的梦想成为现实！这是继发射人造地球卫星、载人航天飞行取得成功之后，我国航天事业发展的第三个里程碑。

人类的航天活动可以分为三个部分：卫星应用、载人航天和深空探测。深空探测指探测器在不以地球为主要引力场，而是以其他天体为主要引力场的空间运行。人类进行深空探测的第一站，就是距离地球最近的天体——月球。我国的月球探测工程，拥有一个源自古代传说的浪漫名字——"嫦娥工程"。

根据《国家中长期科学和技术发展规划纲要（2006—2020年）》，"嫦娥工程"作为国家重大科技专项的标志性工程，规划了"绕、落、回"三步走目标，分为探月工程一期、二期和三期实施。

2004年1月，国家批准探月工程一期——绕月探测工程

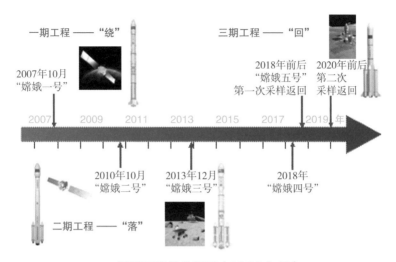

一期工程——"绕"

2007年10月
"嫦娥一号"

2007　2009　2011　2013　2015　2017　2019　年

2010年10月
"嫦娥二号"

2013年12月
"嫦娥三号"

二期工程——"落"

2018年
"嫦娥四号"

三期工程——"回"

2018年前后
"嫦娥五号"
第一次采样返回

2020年前后
第二次
采样返回

△ 探月工程总体规划（2020 年前）

△ 2007 年 10 月 24 日,"嫦娥一号"成功发射

173

正式实施。从 2004 年开始，绕月探测工程在不到四年的时间里，迈出了四大步。从开局、攻坚、决战到决胜，工程各系统全力以赴、密切合作，圆满完成了卫星发射任务，"嫦娥一号"卫星成功进入环月工作轨道。2007 年 11 月 26 日，"嫦娥一号"卫星传回第一幅月球图片数据，标志着探月工程一期任务圆满完成。

在工程实施过程中，工程队伍发扬"两弹一星"精神和载人航天精神，精益求精、协同攻关，形成了极富特色的探月文化。"嫦娥一号"卫星系统总指挥兼总设计师、"人民科学家"国家荣誉称号获得者叶培建在回顾"嫦娥一号"工作时，把成就的取得归功于团队所具备的四大精神——爱国主义精神、积极向上的精神、团队的精神、奉献的精神。正是在这些精神的鼓舞下，"嫦娥工程"团队实现了一次又一次向深空的跨越，凝练出"追逐梦想、勇于探索、协同攻坚、合作共赢"的探月精神，引领中国深空探测事业开启星际探测的新征程！

△"嫦娥一号"卫星系统总指挥兼总设计师、"人民科学家"国家荣誉称号获得者叶培建

叶培建 "嫦娥一号"与四大精神[1]

"嫦娥一号"发射成功，中国成为世界第五个发射月球探测器的国家。"嫦娥一号"虽然比国外晚了几十年，但是这个探测器的水平完全可以和当今世界上的月球探测器水平相媲美，而且这颗卫星用钱不多，只用了相当于修两公里地铁的钱，即仅用了14亿元。"嫦娥一号"探月卫星发射成功在政治、经济、军事、科技乃至文化领域都具有非常重大的意义。

为什么我们这支队伍能够在短短的三年多获取这样的成绩？我认为，最重要的是有四个精神：爱国主义精神、积极向上的精神、团队的精神、奉献的精神。

爱国主义精神是什么？我觉得爱国是最起码的，也是最重要的。自古以来，我们这个民族就讲究一种爱国主义精神。我是改革开放以后1978年第一批研究生，然后准备出国去瑞士留学。去瑞士前在北京语言学院集训，当时的教育部有个年纪大的副部长给我们讲话，他有一段话，我终生难忘。当时我的工资是每月46元，一般的工人是每月30多元。我去瑞士留学，国家每个月要给我700瑞士法郎。当时的瑞士法郎兑换人民币几乎是1:1。这位部长说，你们好好想一想，全国10亿人，有多

---

[1] 本文根据2008年3月19日讲座录音整理。本书收录时做了节选。

△ 工作中的叶培建

少人能够上大学？有多少人出国留学？你们一个人一个月，路费什么的都不算，光生活费要700法郎，要有20个工人在辛勤地劳动才能供得起你一个人。你们知道是站在多少人的肩膀上在国外学习，你们就知道自己的担子有多重！这段话非常朴素，但是我记了一辈子。我在国外学习的时候，总是记着这段话。后来有家瑞士的报纸采访我的时候问，你怎么从来不去咖啡厅，从来不去看电影啊？我说，我就记住这段话。我们出来得很不容易，国家等着我们回去呢。有了爱国主义精神，人的根就能扎得比较深；心呢，就能够稳。

除了爱国主义精神，这支团队必须还有积极向上的精神。一个积极向上的精神其实很简单：锁定一个目标。锁定一个目标以后，就要不懈地努力去做它，对外面的任何诱惑视而不见。

要有团队精神。人是社会的人，但是，人是离不开集体的。一个伟大的事业是要靠集体来完成的；个人努力是其中很小的一部分。一个团队搞好了，我们的事业才能搞好。尤其是我们航天，它是个系统工程。一个卫星，分11个分系统，缺了哪一个分系统，卫星都搞不成。卫星上有400多台仪器，7万多个元器件，32 台计算机。任何一个东西出了问题，卫星就要完蛋。因此我们搞航天的人有一个非常正确的算法：100-1=0。我们有了团队精神，才能够去把每一件事情做好。

　　要有奉献精神。奉献，从小事做起。我觉得每一个人，将来可能都会做很大的事情，但是，一定要有个踏实苦干的精神。社会发展很快，有许多良好的机遇和环境，能够造就各种人才。但是，各种人才的成长绝不是说一天两天就行的，都是要通过一个长期的积累。要做到安心从小事做起，踏实苦干。

　　"可上九天揽月，可下五洋捉鳖，谈笑凯歌还。"中国人向未知世界探索的足迹，不仅留在了浩瀚宇宙，也留在人类所生存的这颗蓝色星球的深海、深地。

　　1994 年，中国第一台潜深 1000 米的无缆水下机器人"探索者号"由中国科学院沈阳自动化研究所等单位研制成功，其整机主要技术性能和指标达到国际同类水下机器人的先进水平。它的研制成功开创了

△ 无缆水下机器人"探索者号"

我国无缆水下机器人研究的新历史，标志着中国自主研发的自治水下机器人技术已趋成熟，使我国在国际海洋权益开发维护上开始有了发言权。

△ 2012年6月，"蛟龙号"完成7000米级下潜

2002年，"蛟龙号"载人深潜器被列为"863"计划重大专项，由国家海洋局组织实施，全国100多家科研单位参与联合攻关、自主设计、集成创新。2012年6月，"蛟龙号"成功完成7000米级下潜，最大下潜深度达7062米，创造了国际上同类作业型载人深潜器最大下潜深度纪录，标志着我国已经具备在全球99.8%以上海域开展深海资源研究和勘查的能力，实现了我国深海技术的重大突破，标志着我国载人深潜技术已跻身世界先进行列。

"入地"与"上天""下海"一样，是人类探索自然、认识自然和利用自然的一大壮举，关乎人类生存、地球管理与可持续发展。越来越多的证据表明，我们在地球表层看到的现象，根在深部，缺少对深部的了解，就无法理解地球系统。

20世纪90年代初，由德国牵头，在国际地学界的支持下，28 个国家的 250 位专家出席，共同讨论了"国际大陆科学钻探计划"。1996 年 2 月 26 日，中、德、美三国签署备忘录，成为发起国，正式启动"国际大陆科学钻探计划"。

2001 年，我国大陆科学钻探工程第一口井在江苏省连云港市东海县开钻，我国在这口钻井的基础上建立了深井地球物理长期观测站，为监测我国东部郯城—庐江断裂带及邻区地壳活动性和动力学状态积累系统的科学资料。此后，我国又开展了青海湖环境科学钻探、松辽盆地白垩纪科学钻探、柴达木盐湖环境资源科学钻探等，总共钻进约 35000 米进尺。

2006 年，《国务院关于加强地质工作的决定》下发实施，

△ 工作人员在钻井平台检查井口

明确将地壳探测列为国家目标。2007 年 10 月，中国白垩纪大陆科学钻探工程——"松科"1 井的钻探工作在我国松辽盆地北部完成。2008 年，作为地壳探测工程的培育性启动计划，"深部探测技术与实验研究专项"开始实施，部署了全国"两网、两区、四带、多点"探测实验等多项任务。深部探测专项开启了地学新时代，成为中国深地探测具有标志性意义的里程碑。

虽然我国的深地探测起步较晚，但却在短短数年间取得了超越之前数十年的成绩。这些成绩的取得，源自我国深地探测科研团队前赴后继的科研攻关和忘我付出。我国著名地球物理学家黄大年，就是他们中的杰出代表。

黄大年，这位在大学毕业时给同学的赠言中写下"振兴中华，乃我辈之责"的科学家，于 2009 年响应国家召唤，毅然

△ 黄大年给同学的毕业赠言

△ 青年时代的黄大年

放弃在国外已有的科技成就和舒适生活，回到祖国。他在给吉林大学地球探测科学与技术学院领导的邮件中写道："多数人选择落叶归根，但是高端科技人才在果实累累的时候回来更能发挥价值。现在正是国家最需要我们的时候，我们这批人应该带着经验、技术、想法和追求回来。"

回国后的黄大年被选为"深部探测技术与实验研究专项"第九项目的负责人。他带领团队夜以继日地开展工作，为了保证工作时间，他几乎每次出差都是乘最早的航班出发，乘最晚的航班返回，正餐也常常以一两根玉米代替。

在黄大年团队的努力下，我国在万米深度科学钻探钻机、大功率地面电磁探测、固定翼无人机航磁探测、无缆自定位地震探测等多项关键技术方面进步显著，快速移动平台探测技术装备研发攻克"瓶颈"，成功突破了国外对中国的技术封锁。

"如果说，人生再给我一次选择的机会，我还是会选择我的母校，实现我的回归梦。"黄大年把他从青年时代就立下的志向，把他的梦想，融进了他深深热爱的这片土地，融进了"振兴中华"的伟大事业。

△ 教学中的黄大年

黄大年　如果再给我一次选择的机会 ❶

在青年时代，我就梦想我能走出父母下放的山区，考入大学。一场发生在唐山的里氏7.8级地震，夺走了几十万人的生命，让我看到了面对自然界巨大而无情的毁灭性打击，人类如同茫茫大海中的一叶孤舟，显得如此弱小、不堪一击。从此我走上了探索地球奥秘之路。1977年恢复高考后，我考入当时的长春地质学院（现今已合并到吉林大学）。从此我与长春这片土地结下了不解之缘。

"揭示地球深部奥秘，造福人类"是一种追求。我们赖以生存的家园是一个神秘而美丽的星球，它需要更多的关注、更多的思考、更多的保护。对于地质灾害，不能坐以待毙和屈服；对于地下奥秘，必须认识和揭示；对于环境，必须保护和维持；对于日益枯竭的现有资源，如果按照美国人的生活方式，需要三个地球才能够养活中国人。

上哪儿去找更多的资源？答案是到无人区去找，到地球深部去找。我的工作就是通过航空搭载、卫星搭载、水面和水下潜航器搭载，探测地下资源。

在英国学习和工作的18年，我当过高级研究员、研发部

---

❶ 本文是作者于2012年7月5日在东北亚高端人才峰会上的发言。本书收录时做了节选。

主任、高级培训官。我的家在英国剑桥，十分熟悉那里的草木河流，以及四季鲜明的节气。美景和空气、悠闲生活和令人尊敬的工作，我实现了人生第二个梦想。那就是出国梦、成功梦。然而，我时刻都在思念祖国、思念家乡，我说服妻子放弃一切，全职回国。她又一次放弃了心爱的事业，含泪与我同行，告别英国剑桥，回到祖国，回到家乡。怀着早年留学英国剑桥诗人徐志摩先生的感慨："轻轻地我走了，正如我轻轻地来。"

我们之所以走了，是因为"时代和祖国的召唤"。是因为国家引进高端科技领军人才。我于 2009 年 12 月在归国的飞机上度过了海漂的最后一个平安夜，回到吉林省报到，回到曾经学习和工作过的母校报到。此时此刻，我又成功地圆了我的回归祖国梦。

我希望用学到和掌握的知识为国家由科技大国向科技强国的发展服务。主要围绕资源、矿产资源勘查国家重点战略方向。

回到吉林大学地球探测科学与技术学院，我曾经学习和工作过的地方，继续从事 30 多年来一直不变的专业研究和教学工作。仍然是熟悉的教学楼、熟悉的教室和熟悉的黑板。

时光如梭，往事如烟，过去的教学楼和过去的老长春承载了青年时代的青春浪漫、羽翼渐丰的难忘岁月。我们学生时代的班级自习室和我现在工作的办公室，经过近 20 年的再回归，误差不到 20 米。

20 年的祖国飞速发展，今天的母校今非昔比，今天的长春今非昔比，今天的中国今非昔比。

如果说，人生再给我一次选择的机会，我还是会选择我的母校，实现我的回归梦。我由衷地庆幸，我曾经有过一个又一个梦想，它们一次又一次实现。我由衷地感谢这片黑土地，孕育了那种不怵塞外寒冷、以小博大、逐鹿中原、壮大中华的豪气和情怀。

———————— ◆◇ ◇◆ ————————

随着自主创新能力和科学技术水平的不断提高，我国科技事业佳绩迭出、硕果累累，基础研究水平提升，前沿技术实现突破，高新技术产业和新兴产业快速发展，为推动经济社会进步发挥了重要作用。

1985 年 2 月 20 日，我国第一个南极科学考察站——中国南极长城站在南极南设得兰群岛的乔治王岛胜利建成。这不仅结束了南极没有中国站的历史，更重要的是，向世界宣告了"中国人民有志气、有能力为人类的发展，做出自己卓越的贡献"。14 年后，我国完成首次北极科学考察，实现了又一次历史性突破，极大地提高了我国在世界极地考察中的地位，使我国成为世界上少数几个能涉足地球两极进行考察的国家之一。1997 年，由中国科学院兰州冰川冻土研究所组织的中美希夏邦马峰冰芯科学考察队在"世界第三极"——青藏高原考察，在海拔 7000 米的达索普冰川上成功钻取了总计 480 米长、重 5 吨的冰芯，为揭示青藏高原过去的环境变化过程、丰富中纬度地区的冰芯研究以及世界气候环境变化研究做出了贡献。

△ 中国人首次登陆南极

△ 中国首次北极科学考察

　　1991 年 11 月，由解放军信息工程学院与中国邮电工业总公司联合研制的我国第一台拥有完全自主知识产权的大型数字程控交换机——HJD04 机在邮电部洛阳电话设备厂诞生，打破了西方世界所谓的"中国自己造不出大容量程控交换机"的预言。

△ 我国第一套拥有自主知识产权的大型数字程控交换机——HJD04 机

　　1995 年 3 月，"曙光 1000"大规模并行计算机系统研制成功，成为我国第一台实际运算速度超过 10 亿次每秒浮点运算（峰值速度 25 亿次每秒）的并行机。2008 年，百万亿次超级计算机"曙光 5000A"诞生。2009 年，我国首台千万亿次超级计算机"天河一号"研制成功。

△ "曙光 5000" 超级计算机

△ "天河一号" 超级计算机

2001 年，国际"人类基因组计划"的"中国卷"绘制完成。尽管参与最晚、时间最短，但我国科学家争分夺秒、迎难而上，比原计划提前两年率先绘制出完成图。中国作为参与该计划唯一的发展中国家，为破译人类基因组"天书"做出了重要贡献。

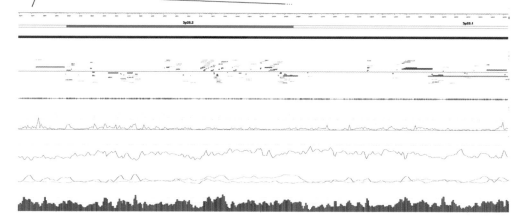

The Complete Sequence Map and Initial Analysis of the "Beijing Region" in the Human Genome

△"人类基因组计划"中国部分完成图

△"龙芯"的 3A3000+7A 处理器 COMe 方案

2002 年，我国首枚高性能通用微处理芯片——"龙芯 1 号"系列高性能通用微处理器（CPU）研制成功，标志着我国已初步掌握当代 CPU 设计制造的关键技术，改变了我国信息产业的无"核"历史。

　　2004 年，我国第一座自主设计、自主建造、自主管理、自主运营的大型商用核电站——秦山二期核电站全面建成投产，这是继 1991 年我国第一座核电站——秦山核电站建成之后，我国核电事业的又一突破，标志着我国实现了由自主建设小型原型堆核电站到自主建设大型商用核电站的巨大跨越。

△ 秦山核电站

　　2005 年，世界上海拔最高、线路最长的高原冻土铁路——青藏铁路全线铺通。全长 1956 公里的青藏铁路成为"世界屋脊的钢铁大道"，架起"世界屋脊"通向世界的"金

△ 青藏列车在藏北草原运行

桥"。在被称为"生命禁区"的雪域高原上完成的这一伟大壮
举，书写了世界铁路建设史上的辉煌篇章。

△ 全超导托卡马克 EAST 装置主机

2006 年，由中国科学院等离子体物理研究所牵头，我国自主设计、自主建造而成的世界上第一个全超导非圆截面托卡马克核聚变实验装置（EAST，通称"人造太阳"）首次成功完成放电实验，标志

着世界上新一代超导托卡马克核聚变实验装置在中国首先建成并正式投入运行。

2009 年，中国科学家首次利用诱导多能干细胞（iPS 细胞）通过四倍体囊胚注射技术获得存活并具有繁殖能力的小鼠，在世界上首次证明了完全重编程的 iPS 细胞具有与胚胎干细胞（ES 细胞）同等的发育能力，为 iPS 理论的完善及其在再生医学领域的应用做出了突出贡献。这项工作在国际学术界引起强烈反响，入选 2009 年美国《时代周刊》评选的年度十大医学突破，成为迄今为止唯一入选的我国内地科学家独立完成的科学发现，显著地提升了我国干细胞研究的国际影响力，有力地推动了我国干细胞研究的总体发展。

△ 由 iPS 细胞发育而成的健康 iPS 小鼠——"小小"

2010 年，中国科学技术大学和清华大学组成的联合小组成功实现了 16 公里的当时世界上最远距离的量子态隐形传输，比此前的世界纪录提高了 20 多倍，该实验结果首次证实了在自由空间进行远距离量子态隐形传输的可行性，向全球化量子通信网络的最终实现迈出了重要一步。

人云亦云不是科学精神

"科学技术是第一生产力"思想的提出，以及"科教兴国""可持续发展""建设创新型国家"等科技思想的不断深化，推动中国科技事业蓬勃发展，走过了极不平凡的跨越世纪的发展之路。科学技术，以从未有过的力量，不仅深刻改变着人们的生产生活，也深刻影响着人们的观念和行为，科学精神、科学思想、科学方法、科学知识，成为公众解决自身问题和参与公共事务决策的必备素养，也在社会群体意识和价值观的形成中，发挥着重要作用。

"科学精神是适用于全社会的。"王大珩等科学家大力倡导弘扬科学精神、传播科学思想。王大珩在《漫谈科学精神》一文中写道：

我们所需要的科学思想是什么呢？第一是实事求是，第二是审时度势。这里面包括时间性和空间性，也包括现在和将来，也包括可持续发展的一些问题。第三是传承创新，就是科学有继承性，每一个发现和成就，都是在已有规律发现的基础上形成的。我们一方面要对这种已有的规律进行传播，另一方面要继往开来，做创新的工作。第四是寻优勇进，有了创新的工作，让它在社会上起作用，还要找出实施这个措施的最优途径，而且还要有创新，使它实现。

"我们不能人云亦云，这不是科学精神，科学精神最重要的就是创新。"钱学森在与身边工作人员进行的最后一次系统谈话中，高度关注的问题正是科学精神的树立和创新人才的培养。

育人，一直是钱学森极为重视的工作。钱学森是中国科学技术大学的创建者之一，也是这所学校力学和力学工程系的首任系主任，在这个岗位上，他一干就是12年，直到中国科学技术大学从北京迁到合肥为止。

建校之初，他即阐明了教育思想与教学指导方针，特别强调：教学内容应做到理与工的结合、科学与技术的结合，人才培养目标应定位在培养"研究工程师"，即有科学研究能力的工程技术人才。

钱学森刻意培养学生对细节的追求，他在一次授课中说："如果你5道题做对了4道，按常理，该得80分，但如果你错了一个小数点，我就扣你20分。科学上不能有一点失误，小数点错一个，打出去的导弹就可能飞回来

△ 钱学森伏案工作

△ 钱学森授课

打到自己。"

　　同时，他又是一位极其重视培养学生发散思维和综合素养的教育家。2008年，在回复时任中国科学院副院长白春礼的信中，谈及中国科学技术大学的办学成就，他写道："中国科大考虑的，应'理工结合'的道路是正确的。今后还要进一步发展，走理工文相结合的道路，在理工科大学做到科学与艺术的结合。"

　　钱学森在晚年不止一次谈起他对于教育问题的忧虑："现在中国没有完全发展起来，一个重要原因是没有一所大学能够按照培养科学技术发明创造人才的模式去办学，没有自己独特的创新的东西，老是'冒'不出杰出人才。这是很大的问题。"

2005年3月29日下午，钱学森在301医院与身边工作人员进行最后一次系统谈话，仍然心系教育——为什么国内的大学老是"冒"不出有独特创新的杰出人才？他对教育这个关乎国家长远发展的根本问题的思考和叩问，引发了全社会的关注和反思。"钱学森之问"，在今天，仍然有着发人深省的现实意义和深远影响。

钱学森 为什么国内的大学老是"冒"不出有独特创新的杰出人才 ❶

今天，党和国家都很重视科技创新问题，投了不少钱搞"创新工程""创新计划"等，这是必要的。但我觉得更重要的是要具有创新思想的人才。问题在于，中国还没有一所大学能够按照培养科学技术发明创造人才的模式去办学，都是些人云亦云、一般化的，没有自己独特的创新东西，受封建思想的影响，一直是这个样子。我看，这是中国当前的一个很大问题。

最近我读《参考消息》，看到上面讲美国加州理工学院的情况，使我想起我在美国加州理工学院所受的教育。

我是在20世纪30年代去美国的，开始在麻省理工学院学习。麻省理工学院在当时也算是鼎鼎大名了，但我觉得没什么，一年

---

❶ 摘自《人民日报》2009年11月5日刊发的《钱学森的最后一次系统谈话》。

就把硕士学位拿下了，成绩还拔尖。其实这一年并没学到什么创新的东西，很一般化。后来我转到加州理工学院，一下子就感觉到它和麻省理工学院很不一样，创新的学风弥漫在整个校园，可以说，整个学校的一个精神就是创新。在这里，你必须想别人没有想到的东西，说别人没有说过的话。拔尖的人才很多，我得和他们竞赛，才能跑在前沿。这里的创新还不能是一般的，迈小步可不行，你很快就会被别人超过。你所想的、做的，要比别人高出一大截才行。那里的学术气氛非常浓厚，学术讨论会十分活跃，互相启发，互相促进。我们现在倒好，一些技术和学术讨论会还互相保密，互相封锁，这不是发展科学的学风。你真的有本事，就不怕别人赶上来。

我记得在一次学术讨论会上，我的老师冯·卡门讲了一个非常好的学术思想，美国人叫"good idea"，这在科学工作中是很重要的。有没有创新，首先就取决于你有没有一个"good idea"。所以马上就有人说："卡门教授，你把这么好的思想都讲出来了，就不怕别人超过你？"卡门说："我不怕，等他赶上我这个想法，我又跑到前面老远去了。"所以我到加州理工学院，一下子脑子就开了窍，以前从来没想到的事，这里全讲到了，讲的内容都是科学发展最前沿的东西，让我大开眼界。

我本来是航空系的研究生，我的老师鼓励我学习各种有用的知识。我到物理系去听课，讲的是物理学的前沿，原子、原子核理论、核技术，连原子弹都提到了。生物系有摩根这个大权威，讲遗传学，我们中国的遗传学家谈家桢就是摩根的学生。

197

化学系的课我也去听，化学系主任 L.鲍林讲结构化学，也是化学的前沿。他在结构化学上的工作还获得了诺贝尔化学奖。以前我们科学院的院长卢嘉锡就在加州理工学院化学系进修过。L.鲍林对于我这个航空系的研究生去听他的课、参加化学系的学术讨论会，一点也不排斥。他比我大十几岁，我们后来成为好朋友。他晚年主张服用大剂量维生素的思想遭到生物医学界的普遍反对，但他仍坚持自己的观点，甚至和整个医学界辩论不止。他自己就每天服用大剂量维生素，活到 93 岁。

加州理工学院就有许多这样的大师、这样的怪人，决不随大溜，敢于想别人不敢想的，做别人不敢做的。大家都说好的东西，在他看来很一般，没什么。没有这种精神，怎么会有创新！加州理工学院给这些学者、教授，也给年轻的学生、研究生提供了充分的学术权利和民主氛围。不同的学派、不同的学术观点都可以充分发表。学生也可以充分发表自己的不同学术见解，可以向权威挑战。过去我曾讲过我

△ 1938 年钱学森在加州理工学院

在加州理工学院当研究生时和一些权威辩论的情况，其实这在加州理工学院是很平常的事。那时，我们这些搞应用力学的，就是用数学计算来解决工程上的复杂问题。所以人家又管我们叫应用数学家。可是数

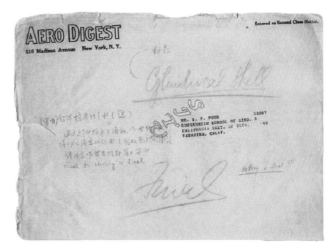

△ 钱学森在加州理工学院时期的手稿

学系的那些搞纯粹数学的人偏偏瞧不起我们这些搞工程数学的。两个学派常常在一起辩论。有一次，数学系的权威在学校布告栏里贴出了一个海报，说他在什么时间什么地点讲理论数学，欢迎大家去听讲。我的老师冯·卡门一看，也马上贴出一个海报，说在同一时间他在什么地方讲工程数学，也欢迎大家去听。结果两个讲座都大受欢迎。

这就是加州理工学院的学术风气，民主而又活跃。我们这些年轻人在这里学习真是大受教益，大开眼界。今天我们有哪一所大学能做到这样？大家见面都是客客气气，学术讨论活跃不起来。这怎么能够培养创新人才？更不用说大师级人才了。

有趣的是，加州理工学院还鼓励那些理工科学生提高艺术素养。我们火箭小组的头头马林纳就是一边研究火箭，一边学习绘画，他后来还成为西方一位抽象派画家。我的老师冯·卡

门听说我懂得绘画、音乐、摄影这些方面的学问，还被美国艺术和科学学会吸收为会员，他很高兴，说你有这些才华很重要，这方面你比我强。因为他小时候没有像我那样的良好条件。我父亲钱均夫很懂得现代教育，他一方面让我学理工，走技术强国的路；另一方面又送我去学音乐、绘画这些艺术课。我从小不仅对科学感兴趣，也对艺术有兴趣，读过许多艺术理论方面的书，像普列汉诺夫的《艺术论》，我在上海交通大学念书时就读过了。这些艺术上的修养不仅加深了我对艺术作品中那些诗情画意和人生哲理的深刻理解，也学会了艺术上大跨度的宏观形象思维。我认为，这些东西对启迪一个人在科学上的创新是很重要的。科学上的创新光靠严密的逻辑思维不行，创新的思想往往开始于形象思维，从大跨度的联想中得到启迪，然后再用严密的逻辑加以验证。

今天我们办学，一定要有加州理工学院的那种科技创新精神，培养会动脑筋、具有非凡创造能力的人才。我回国这么多年，感到中国还没有一所这样的学校，都是些一般的，别人说过的才说，没说过的就不敢说，这样是培养不出顶尖帅才的。我们国家应该解决这个问题。你是不是真正的创新，就看是不是敢于研究别人没有研究过的科学前沿问题，而不是别人已经说过的东西我们知道，没有说过的东西，我们就不知道。所谓优秀学生就是要有创新。没有创新，死记硬背，考试成绩再好也不是优秀学生。

我说了这么多，就是想告诉大家，我们要向加州理工学院学习，学习它的科学创新精神。我们中国学生到加州理工学院学习的，回国以后都发挥了很好的作用。所有在那儿学习过的人都受它创新精神的熏陶，知道不创新不行。我们不能人云亦云，这不是科学精神，科学精神最重要的就是创新。

我今年已 90 多岁了，想到中国长远发展的事情，忧虑的就是这一点。

同样基于发展中国科技事业的战略思考，2013 年度"国家最高科学技术奖"获得者张存浩，对科技创新制度的完善、青年科技人才的培养始终倾注了巨大心力。

这位 22 岁放弃在美国的深造毅然回国的科学家，在 60

△ 20 世纪 50 年代初，张存浩与同事在实验室

△ 20 世纪 70 年代，张存浩和化学激光团队部分同志

多年的科研历程中经历了 3 次研究方向的重大调整，但他从未
对自己多次"转行"感到遗憾："从青年时代起，我为自己树
立的最大科研人生理想就是报国。国家的需要，就是我的研究
方向。"

张存浩在 1991—1999 年出任国家自然科学基金委员会
主任，他曾两次致函总理，力倡设立"国家杰出青年基金"，
并最终推动实现这项基金的设立，为青年科技人才的培养做出
重大贡献。

我们的理解力并不差，但缺少原创性，有时和别人同时起
步，但逐渐落后，这与对基础研究在培养人才中的作用认识不
够有很大关系。

其他国家的经验表明，科技创新的关键取决于高层次人才
的数量和质量。培养高层次人才，是基础研究的根本任务，应
该创造一个这样的环境。

中国基础研究的目标既要符合当前中国人口众多、资源匮
乏的国情，又要适应今后大约半个世纪之内中国要逐步发展成
为世界强国的需要。

时代发展了，应在"国家需求"与"自由探索"间找到平衡。

这些思考，对国家科技事业发展战略的制定，提供了重要
支撑。

他还首倡在我国科技管理部门设立了专门从事学风管理的

机构——国家自然科学基金委员会监督委员会，保障了国家自然科学基金事业的健康发展。

张存浩　欣欣向荣的中国科学呼唤完善的科学道德

科学道德是全球科技界普遍关注的话题。加强科学道德建设是倡导先进的科学文化、履行科学对社会的责任、保证科学健康发展的需要。

科学应恪守一些基本准则。

（1）科学必须服务于人类文明、和平与进步事业。

（2）科学的进步取决于信任。包括公众对科学、对科学家的信任以及科学家之间的相互信任。

（3）科学的发展源于创新。必须尊重知识产权，有保护知识产权的良好环境，以激励创新。

（4）科学活动必须尊重客观事实、实事求是。必须坚持严格、严肃、严密的作风，确保科学工

△ 张存浩（杜爱军／绘）

作的质量。

这些基本准则奠定了科学道德的基础。人们对科学道德建设重要性的认识也更加全面，主要表现在以下三个方面。

（1）外在方面：履行科学对社会的责任和赢得公众的信任。

（2）内在方面：保证科学工作质量和科学的可持续发展。

（3）思想意识方面：高尚的科学道德情操是科学研究的精神力量。

过去几十年，尤其是 20 世纪 80 年代以来，中国科技工作者发扬"献身、创新、求实、协作"精神和"坚持真理、诚实劳动、亲贤爱才、密切合作"的职业道德，积极为现代化建设提供科技动力、成果储备和智力支持，做出了很大贡献。

但是，中国科技界也清醒地认识到，当前一定范围内存在的浮躁学风和科学不端行为，不仅败坏科技界的风气、影响科学的纯洁性和科技界的崇高社会信誉，而且危及科学事业的发展和科教兴国战略的实施。

现在，我们亟须发扬本国的和全世界的优秀科学传统。高尚的科学道德和优秀的科学活动总是相互补充、彼此促进的。高尚的科学道德是几个世纪以来相传的文化遗产，全世界的科学界迄今还在继续努力，使之发展充实。

完善的科学道德，还有助于创新思想的产生和科学的进步。同时，科学道德的提升总是伴随着人类思想的解放，它们一起给人类带来繁荣的现代科学。400 多年前，布鲁诺和哥白尼凭着对真理的执着追求与伪科学进行勇敢的抗争，最终彻底击败了地心说。更具意义的是，他们给科学带来了前所未有的革命，让科学从宗教势力的束缚下解放出来，能够在正直的道德原则的指引下发展。

我们还注意到，科学家凭借其国际承认的成果和贡献就可以被称为"杰出"，但要成为伟大的科学家，仅靠学术方面的贡献是远不够的。伟大的科学家首先是杰出的科学家，不仅如此，他还必须有伟大的人格、高尚的科学道德，包括爱祖国，爱人民，亲贤爱才，奖掖后学等，这些都是科技界宝贵的财富。伟大的科学家的学术方面的杰出贡献和伟大人格一起被世人敬仰，为后人缅怀。

在中国，老一辈科学家为祖国奉献了智慧，付出了无尽的辛劳。20 世纪的下半叶，中国在科学前沿领域取得的巨大成功，很大程度上要归功于他们的贡献。令人欣慰的是，他们创立的优秀的科学传统已经被年轻一代的科学家继承，并得到了很好的发扬。但是，我们仍需要做大量的工作以促进科学道德的建设。

建设更为完善的科学道德是科学界的当务之急。对于中国科学界而言，主要有以下任务。

第一，学习发达国家的经验，其中，欧洲和美国有很多值得学习的地方。欧洲的经验包括：强调建立在良好的科研实践上的自律；伦理道德和法律的双重约束，对于极少数性质严重的不端行为，要采取适当的法律手段；规范评审制度和评价机制；重视对青年科技人员的科学道德教育。美国则主要强调以下方面：执行全国统一的政策；建立负责的科研行为的标准；设立独立的具有完善法规的监察机构；关注个案研究和教育。值得注意的是，美国和欧洲都将精力聚焦在科研不端行为方面，也就是侵权、抄袭和剽窃、伪造数据和弄虚作假。循着这些比较成熟的国际惯例，我们旨在建立能够防止绝大多数科学不端行为发生的有效的社会约束体系。

第二，科学道德仅靠自律是不够的，要把自律和他律结合起来，必要时可以引入法律。其中的关键是要设计出一整套的标准。科学道德体系包括四层内容，首先，要大力宣扬德高望重的科学家的榜样；其次，确立大家应仿效的良好的科学实践行为；再次，设立基本的科学道德规范作为对科技人员的最低要求；最后，对严重违反科学道德的个别不端行为制定惩戒规则。

第三，建立相关的机制和体制。为给科学道德建设营造好的环境，需要协调好科学界和社会其他各界的关系。例如，应建立和完善合理的科研成果评价、奖励等机制；执行科学道德规范的管理机制；调查处理科学不端行为的监督机制等。在处理科学不端行为时，自律和教育是第一位的，惩戒永远是次要的。

第四，教育和培训要重点突出。教育和培训主要应集中在年轻一代身上，并且要把科学教育和人文教育整合在一起。

第五，要致力于全球范围内对前沿领域的科学道德的共同认识。当今世界发展十分迅速，各种新的学科分支层出不穷，因此科学道德也面临着新的挑战，尤其是在那些前沿科学领域，如生物科技、信息科技和纳米科技。我们应研究在这些新兴领域里有关科学道德的崭新观点，并力争通过实践和讨论，在中国和全球范围内达成一致。

科学道德建设和科学事业的发展紧密相连，捍卫科学的荣誉是科学工作者神圣的责任。在全社会的认真参与下，中国科学界有决心、有信心建立起更为完善的科学道德体系。中国的科学界，一定会对世界文明和人类福祉做出更大的贡献。

钱七虎　加速迈向科技强国的伟大目标

王逸平　给女儿的一封信

吴孟超　我的几句心里话

钟南山　人民至上，生命至上

第四章　崭新科学画

南仁东　来自太空的召唤

赵忠贤　科学研究不能只图『短平快』

曾庆存　为国为民为科学

李保国　用农民的语言和他们交谈

师昌绪　我的中国梦

袁隆平　梦想靠科学实现

金怡濂　追求速度，超越速度

刘永坦　一生磨一剑

进入新时代，以习近平同志为核心的党中央高度重视科技事业发展，高瞻远瞩，崭新擘画，以建设世界科技强国为目标，对实施创新驱动发展战略做出顶层设计和系统部署，将科技体制改革向纵深推进，我国科技事业取得一系列实质性突破和标志性成果，科技发展实现巨大跨越，站上新的历史方位。

党的十八大明确提出，科技创新是提高社会生产力和综合国力的战略支撑，必须摆在国家发展全局的核心位置，强调要坚持走中国特色自主创新道路、实施创新驱动发展战略。2016

△ 北斗应用示意图

年5月,《国家创新驱动发展战略纲要》发布。通过深入实施创新驱动发展战略，我国的创新能力和效率得到全面提升。

创新驱动实质是人才驱动，人才是创新的第一资源。我国深入实施人才强国战略，推进人才发展体制机制改革，加强人才队伍建设，科技人才队伍迅速壮大，科技人才创新能力和国际影响力明显提升，引领创新发展的作用日益凸显。

基础研究是整个科学体系的源头，只有重视基础研究，才能永远保持自主创新能力。党的十八大以来，基础研究瞄

△ 2017 年 12 月 17 日，C919 大型客机 102 架机首飞

准世界科技前沿，坚持鼓励自由探索和目标导向相结合，加强重大科学问题研究，完善基础研究体制机制，强化基础研究稳定支持机制，加强科研基础设施建设和科研基础资源共享，在干细胞及转化研究、纳米科技研究、量子调控与量子信息研究、蛋白质机器与生命过程调控研究、大科学装置前沿研究、全球变化及应对研究、合成生物学研究等方面取得了一系列重要进展和突破。

实施国家科技重大专项，是党中央、国务院做出的一项具有重大现实意义和深远历史意义的决策部署，重大专项被赋予了以重点突破和局部跃升带动科技水平整体提升的重要使命。

△"中国天眼（FAST）"俯视图

△"复兴号"中国标准动车组

　　党的十八大以来，科技创新从过去以"跟跑"为主，逐步过渡到"跟跑、并跑、领跑"并存的历史新阶段。

　　科技兴则民族兴，科技强则国家强。广大科学家和科技工作者坚持面向世界科技前沿、面向经济主战场、面向国家重大需求、面向人民生命健康，不断向科学技术广度和深度进军，支撑国家竞争力提升，促进产业高质量发展，助力脱贫攻坚和乡村振兴，支撑民生改善，为经济社会发展做出巨大贡献。

仰望星空，脚踏实地

纵观人类发展史，华夏文明在不同历史阶段都曾发挥了推动人类科技发展的重要引领作用。近代中国的落后，与我们科技发展停滞不前、落后于世界前沿息息相关。新中国成立以来，我国基础研究和前沿科技大踏步追赶时代，特别是党的十八大以来，我国科技实力大幅提升，成为具有重要影响力的科技大国。面向世界科技前沿，意味着敢为天下先，勇于挑战人类探索的"无人区"，引领世界科技发展新方向。

宇宙演化、生命起源、物质结构、意识本质，是人类探索的永恒课题。"在万籁俱静的夜晚，当我们仰望天空时，仍不免会问：我们是谁？我们从哪里来？我们是否孤独？"这是南仁东早年在《来自太空的召唤》中写下的文字，应该也是这位未来"中国天眼"缔造者无数次凝望夜空时，在自己内心的发问。

1993 年，国际无线电科学联盟大会召开，与会专家关于全球电信号环境恶化以及建设大型望远镜的讨论，让南仁东萌发了在中国建造超大口径射电望远镜的想法。他说："别人都有自己的大设备，我们没有，我挺想试一试。"就是这句话，开启了"中国天眼"从预研究到落成启用 22 年的艰辛历程。

这个雄心勃勃的科学计划，从预研究开始，就伴随着来自各方的质疑和担忧：有对可行性的疑虑；有对风险的担忧；也有善意的规劝——搞大科学工程，风险大，耗时长，写不了文章，出不了成果，得不偿失。但南仁东义无反顾，踏上了这条注定充满艰辛的不平凡的探索之路。

在项目预研究阶段，经费有限，南仁东为节约经费，在市内办事从不打车，全靠自行车代步；去外地出差尽可能坐绿皮火车，在火车上过夜，下了火车就去办事，办完事当天乘火车返回，宁可自己奔波劳累，也要节省下交通、住宿费用。为了实现最佳建设目标，他在贵州喀斯特地貌地区跋山涉水，为未来的望远镜选址，甚至险些在选址途中发生意外。

当项目终于正式启动，面临的困难与挑战接踵而至：关键技术无先例可循，关键材料须自主攻关，核心技术遭遇封锁……南仁东和他所带领的团队硬是在重重困难中披荆斩棘闯出一条胜利之路。2016 年 9 月 26 日，具有中国自主知识产权的 500 米口径球面射电望远镜"中国天眼（FAST）"落成启用。

习近平总书记发来贺信指出：

浩瀚星空，广袤苍穹，自古以来寄托着人类的科学憧憬。天文学是孕育重大原创发现的前沿科学，也是推动科技进步和创新的战略制高点。500 米口径球面射电望远镜被誉为"中国天眼"，是具有我国自主知识产权、世界最大单口径、最灵敏的射电望远镜。它的落成启用，对我国在科学前沿实现重大原创突破、加快创新驱动发展具有重要意义。

△ 2010 年南仁东危岩考察

△ 2011 年南仁东现场踏勘

△ 2013 年南仁东在圈梁合龙时检查塔零件

△ 2014 年摄于大窝凼基地

△ 2015 年索网合龙时南仁东（右三）与工人合影

国外媒体如此报道这项重大科技事件："中国的巨型射电望远镜，是其远大科学雄心的象征。""中国终于进入了观天时代，它将持续领先世界20年。"

被寄予厚望的"中国天眼"不负所托，在调试阶段就陆续发现新脉冲星，运行以来已发现数百颗脉冲星，成为国际瞩目的宇宙观测利器。2020年12月，在美国的大型射电望远镜坍塌后，中国宣布："中国天眼"从2021年起向全世界科学家开放。现在，"中国天眼"成为全球唯一的，也是人类共同拥有的——瞭望宇宙的巨目。

△ 多波束（"中国天眼"的瞳孔）安装现场

春雨催醒期待的嫩绿，

夏露折射万物的欢歌，

秋风编织七色锦缎，

冬日下生命乐章延续着它的优雅。

大窝凼时刻让我们发现、给我们惊喜。

感官安宁，万籁无声。

美丽的宇宙太空，

以它的神秘和绚丽，

召唤我们踏过平庸，

进入它无垠的广袤。

这是南仁东写于"中国天眼"建设阶段的诗作。"中国天眼"落成后一年，南仁东永远地离开了他热爱的这份事业。他进入了宇宙的无垠广袤，化作太空中那颗"南仁东星"，与他为之付出生命中三分之一光阴的"中国天眼"遥相守望。

南仁东　来自太空的召唤

我们的祖先日出而作、日落而息，太空天象昭示他们种植、放牧与迁徙。太空是人类与自然交流的永恒话题，探索其神奇是人类与生俱有的天性。唐人王勃在《滕王阁序》中就曾书写过飞天的快乐:"落霞与孤鹜齐飞,秋水共长天一色。"科技发展至今,各门学科在太空探索中交融并进,人类在空间探索中展示其求知欲和进取心,思索生命和文明的本质。

如果将地球生命36亿年的历史压缩为一年,那么在这一年中的最后一分钟诞生了地球文明,而在最后一秒钟人类才摆脱地球的束缚进入太空无垠的广袤。

1957年人造卫星"斯布特尼克1号"实现了人类航天之梦。1969年阿姆斯特朗的左脚踏上月球,人类向太空跨出一大步。1976年"海盗1号""海盗2号"软着陆火星,三项成功的科学

△ 2014年12月1日南仁东在圈梁上检查工作

实验终结了火星人的猜测。1989年"伽利略号"飞船升空，历经6年太空之旅后到达木星。它告诉我们木卫二冰壳下的水是有咸味的。1990年耗资亿万的"哈勃"太空望远镜在60万米高空开光，十多年来它把宇宙神秘、壮丽的图像不断地传到千家万户。2004年年初，人类7个探测器在太空一个橘红色的斑点处汇聚，地球人大举入侵火星……

短短半个世纪，有几百个太空飞行器由地球出发，在太阳系深空穿梭绕行，在4个星球上成功软着陆；无以计数的地球卫星给地球套上了一个和土星差不多的光环；巨大的空间站已经成了真正的天上宫阙。太空科技的成就深刻地影响着人类生活的方方面面；利用卫星云图预测天气；从遥感数据库中去估算麦子的产量和水灾损失；在人迹罕至的角落通过卫星收看世界杯实况……现在，尽管人类已经习惯了太空科技带来的便利，但在万籁俱静的夜晚，当我们仰望天空时，仍不免会问：我们是谁？我们从哪里来？我们是否孤独？茫茫宇宙有没有我们的同类，地球之外有没有其他文明？

1972年"先驱者10号"带着地球名片和地球人向遥远邻居的问候，借助木星强大的引力场永远地飞出太阳系，25年后地面射电天文望远镜还能听到它微弱的恋乡之音。众多以搜索星际通信为手段的地外文明探索计划，没有找到任何蛛丝马迹；没有任何科学证据表明我们的地球曾经被造访；地球之外没发现甚至最低等的生命印记。

没有找到存在的证据，不等于找到了不存在的证据。近些年来，地球生命生存环境极限的拓展，大量地外水存在证据以及太阳系外大量行星系统的发现，都使人类相信生命不应该是地球这颗行星上的偶然神秘事件，我们也许有很多文明的邻居。我们为什么没有他们的一点消息？是因为人类还没有真正理解生命和文明的本质，还是因为文明本身也许是一个转瞬即逝的过程？如果是后者，即使各种文明在宇宙中频繁出现，它们之间也难以相遇；即使两个星球上的文明进程碰巧"同步"，遥远的星际距离也只会让他们擦身而过。

地外文明搜索也许永远没有音信，也许明天就会成功。一旦证实在地球之外还有生命甚至其他文明存在，它无疑将使人类重新认识自身在自然界中的位置。16 世纪哥白尼用日心说取代地心说，神学的大厦崩塌，人类被踢出几何宇宙的中心，但他们还没离开生物宇宙的中心；地外文明的存在一旦被证实，新的一场革命将比哥白尼更透彻——人类及其文明是平凡平庸的，没有什么是独一无二的。

当人类探索的边疆在宇宙尺度上得以不断拓展，物质结构——这个在微观层面的"小宇宙"，也同样以其无穷魅力令探索者沉浸其中。为揭示微观世界的奥秘，人类在更小尺度、更极端条件下研究更深层次的物质结构和相互作用；研究在原子、分子层次的现象和规律，以及物质的组成、性质、结构和新物质的创制。

△ **超导体具有零电阻与反磁性特征**

超导研究就是探究物质微观结构的一个前沿领域。超导电性是宏观的量子现象，有应用潜力和丰富的物理内涵。超导体的零电阻与反磁性特征必将开启能源革命的大门，但对低温的要求极大限制了超导材料的应用，因此，探索高温超导体就成了无数科学家追求的目标。在百余年超导研究史中，出现了两次高温超导研究的重大突破，中国科学家在这两次突破中都取得了重要成果：独立发现液氮温区高温超导体和发现系列50开尔文以上铁基高温超导体并创造55开尔文纪录。

中国高温超导研究的奠基人之一——赵忠贤，从事超导研究逾40年，被人称为在超导领域"把冷板凳坐热的人"。他率领团队于1986—1987年与美国、日本等国科学家在超导研究领域展开的激烈竞争，无疑是科技史上最动人心魄的篇章之一。

1986 年 1 月，瑞士科学家柏诺兹和缪勒首次发现钡镧铜氧化物在 30 开尔文时出现了超导现象，但由于多种原因他们只把论文发表在了一家没什么名气的小杂志上。同时又由于超导史上曾多次有人宣称发现了高温超导体，但最终均以结果无法为他人所重复或被证伪而告终，因此，大多数科学家对发现高温超导体的报道总是持怀疑态度。这些使得学术界没有给予这一重大发现足够的关注。中国科学院物理研究所的赵忠贤是为数不多的几位认识到这篇文章重大意义的科学家之一。

1986 年 10 月，赵忠贤和他的研究小组开始着手研究铜氧化物的超导性，和他们差不多同时展开研究的还有美国和日本的几个实验室，一场争分夺秒的竞赛由此展开。1986 年 11 月 13 日，东京大学实验室首次成功证实了柏诺兹和缪勒的成果。12 月 26 日，赵忠贤和他的研究小组在锶镧铜氧化物中实现了起始温度为 48.6 开尔文的超导转变，并在钡镧铜氧化物中观察到了 70 开尔文时出现的超导迹象。这一发现震惊了世界，这是当时发现的超导材料的最高温度。

世界各国科学家在这一发现的鼓舞下不断努力，各个实验室捷报频传，超导临界温度被不断刷新。1987 年，瑞士科学家柏诺兹和缪勒由于在高温超导领域的突出贡献而获得诺贝尔物理学奖，在接受媒体采访时，他们特意向远在中国的同行赵忠贤和他的研究小组致意，感谢他们在这一领域做出的突破性贡献。

自第一种高温超导材料——钡镧铜氧化物被发现以后，铜

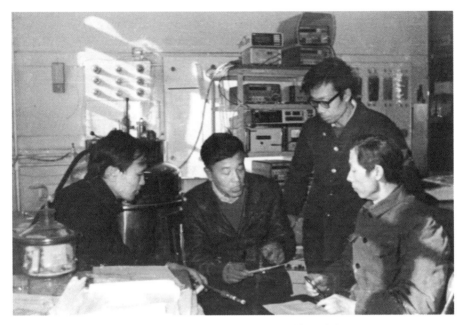

△ 1988 年，赵忠贤与合作者陈立泉等人讨论问题

基超导材料就成为全世界超导科学家追逐的焦点，他们不仅希望能在这一材料上创造出更高的温度奇迹，更希望能揭示高温超导机理。但直到现在这仍然是一个谜，了解超导机理也就成了 20 世纪 90 年代后物理学家追求的重要目标之一。

2008 年 2 月，日本科学家发现了 26 开尔文时的氟掺杂镧氧铁砷化合物超导体。同年 3 月 25 日，中国科学家陈仙辉及他的研究小组和物理研究所王楠林小组分别发现了 43 开尔文时的氟掺杂钐氧铁砷化合物的超导体和 41 开尔文的氟掺杂铈氧铁砷化合物的超导体。3 月 28 日，赵忠贤和他的研究小组发现了 52 开尔文时的氟掺杂镨氧铁砷化合物的高温超导体。4 月 16 日，该研究小组更是将超导临界温度提升至 55 开尔文，同时他们发现不用氟掺杂，只需氧空位。中国科学家发现的高于40开尔文的新型超导体，说明了铁基超导体是一个非传统的高温超导体，这意味着物理学家在铜基超导材料以外寻找新的高温超导材料的梦想在中国实现了。

赵忠贤说："我这一辈子只做一件事，就是探索超导体、开展超导机理研究。"正是这种甘于坐冷板凳、勇于进"无人区"、敢于啃硬骨头的精神，引领科技工作者实现更多"从0到1"的突破。

赵忠贤　科学研究不能只图"短平快"❶

我从事探索高温超导体40年。总有人说，我是把冷板凳坐热了。事实上，很多人也是几十年做一件事，比如一辈子教数学，或者一辈子教语文，虽然具体工作内容不同，但本质都是一样的。我与他们不同的一点是，选择了搞科学研究。

我们这一代人基本上是在老红军的精神和老一辈科学家爱国奉献精神感召下成长的。老一辈科学家传授的不仅仅是知识，更重要的是科学精神。

多年来，在学习和实践中，我不断地理解这些前辈名家的

❶ 本文为作者在参加中国科学院"讲爱国奉献，当时代先锋"主题活动时的发言摘要。

治学精髓。我逐渐体会到，搞科学研究需要扎根，长期的坚持和积累就会在认识上有所升华，才会抓住机遇、厚积薄发。

我选择探索高温超导体有几个原因：第一，它是科技前沿，有重大的科学意义。第二，一旦成功，它有很大应用价值。第三，探索过程中，还能解决跟超导有关的其他问题，如与应用有关的高临界参数问题。

冷板凳并不总是冷的。在研究过程中，尽管遇到很多困难，但我越做也越有兴趣。兴趣很重要，你有瘾了，便非常愿意做它。同时，在工作中有新的进展，也是一种鼓励。比如，我们曾协助沈阳金属所研制多芯铌钛合金超导线，这项工作后来获得中国科学院科学进步三等奖。尽管在获奖名单上，我排在第二获奖单位的最后一名，但却挺满足，觉得做了一件有益的事。

坚持做某一项工作，在长期积累的基础上会产生认识上的升华。这个升华可以意会，不能言传。当你有这种认识以后，你突然对你从事的工作有一种感觉，这种感觉虽然你说不清楚，但凭借它所做的决定，最后往往是对的。

现在年轻科技工作者的基础都很好。第一，他们接受的教育非常完整。第二，现在的科研设备都是世界一流的。第三，科研经费充足。现在的条件非常好，关键是要安下心来做事。

做什么事？科学研究，需求是最大的动力。需求来自两个方面，国家需求和科学发展的需求，这两者都服务于国家发展和人类文明进步。

在需求推动下怎么选题？选题实际上就是按照上述需求，设定一个长远的目标，不要急功近利。如果你设定 10 年的目标，可能 5 年就完成了。如果设置的都是"短平快"的目标，即使短期内能出一些东西，也很难做出像样的成果。所以，安下心来做事很重要。

现在全国有非常多的科学技术人员和团队。一个人，或者一个团队，要花 10 年或者 20 年的时间，解决一个重要的科学问题，或者解决一个核心的技术问题。如果大家都能做到这样，那加起来还得了吗？

只要我们大家都能够安下心来，集中做事，而不是赶"潮流"去做同性质的、"短平快"、急功近利的事，我们国家科学技术会有更快更好的发展。我们将为建设世界科技强国，为人类文明进步，实现中华民族的伟大复兴做出更大贡献。

相比于浩渺宇宙的宏大、物质结构的精微，人类的家园——地球，在人们的感性认识中无疑更加熟悉甚至亲切。历经数十亿年沧海桑田的变迁，这颗生机盎然的星球所蕴藏的无数奥秘，同样深深地吸引着科学家的目光。

大气科学研究就是众多探知地球自然规律的研究工作之一。从 20 世纪后半叶到现在，世界科学技术蓬勃发展，大气科学和气象事业也有了质的飞跃。由站点和区域的现场气象观测，发展到遥感和全球范围的气象监测；由看图凭经验做短时气象预报，发展为以严谨的数学物理理论为基础、用计算数学方法求解并通过超算实现的数值天气预报。数值天气预报和气象卫星遥感监测成为现代气象业务的两大标志，也是监测、预测台风和暴雨等气象灾害的两大利器。

新中国成立前，我国气象事业较落后。曾庆存是我国和国际数值天气预报及卫星气象遥感理论研究领域的杰出学者之一，他在回忆新中国成立初期由于气象事业落后导致的农业损失时，对此深有感触："我印象很深的有一件事，1954 年的一场晚霜把河南 40% 的小麦冻死了，严重影响了当地的粮食产量。如果能提前预判天气，做好防范，肯定能减不少损失。我从小在田里长大，挨过饿，深有体会。"

正是这种体会，激励着曾庆存和新中国的大气科学工作者下决心攻克"数值天气预报"这座高峰，提高天气预报的准确性，增强人们战胜自然灾害的能力。

温室栽培二十年，
雄心初立志驱前。
男儿若个真英俊，
攀上珠峰踏北边。

曾庆存 1961 年从苏联留学归国后写下的这首《自励》诗，不仅是他个人之后数十年科研工作的座右铭，也是新中国气象事业勇攀高峰的写照。在党和国家的高度重视下，几代气象人结合我国实际，奋力追赶，取得了跨越式发展，成功应对了一次又一次极端天气事件，有效化解了一个又一个气象灾害风险。今天，我国风云卫星是全球气象卫星监测网的骨干之一，也是空间与重大灾害国际宪章的值班卫星之一；我国的数值天气预报也已进入世界先进行列，我国被联合国世界气象组织认定为世界气象中心之一。为与大国义务和强国目标相适应，我

△ 工作中的曾庆存

国制定了"全球监测、全球预报、全球服务"的方针和规划，并在付诸实践。

"为国为民为科学。"这是曾庆存对科学家精神内涵的界定。他时常教导学生要甘坐冷板凳："坐冷板凳是好事！意味着可以远离是非纷扰，静下心来，一心一意专注于科研。用自己的身体和热血把板凳坐热就是了。"

△ 曾庆存手书

曾庆存 为国为民为科学 [1]

科学家精神是什么？可总结为一句话和一首诗。

一句话：为国为民为科学。

所谓"科学没有国界，科学家有祖国"。个人体会是，在今天，科学家如不为国家富强和人民幸福而服务、不为科学而献身，他的研究是一定搞不好的。

[1] 本文提炼自曾庆存荣获 2019 年度"国家最高科学技术奖"后的发言及访谈，并经他本人审阅后收录进本书。

一首诗：为人民服务，为真理献身，有黄牛风格，具塞马精神。

有了为国家和人民服务的思想、为科学真理献身的精神还不够，在学习和工作中还要有老黄牛那种吃苦耐劳的风格，平时多多积累、不断提升，而在党和国家事业需要你的关键时刻，则要像驻守边塞的骏马一样，奋勇争先，勇敢地向前冲。

这些认识，源自我60余年从事科研工作的切身体会。我出生于贫困的农民家庭，新中国成立后，才得以温饱，进入大学，有机会接触科技工作。在北京大学上学时就立下报效祖国、献身科学的心愿，投身于大气科学的研究。

新中国成立后，在党和国家的高度重视下，在几代气象人的努力下，我国的气象事业取得了跨越式发展。我有幸参与这个伟大的历程，按国家需要从事与气象事业紧密相连的大气科学研究，尤其是数值天气预报和卫星大气遥感理论研究，庆幸我们静寂潜心研究的一些成果，对推动大气科学的发展有所贡献，并在气象事业中得到有效应用。功夫没有白费，"喜见国家强盛日，青灯伏案夜安心"。

中国要成为世界科技强国，必须有更多能耐得住寂寞、坐得住冷板凳的青年人投身科研事业，秉持"为国为民为科学"的信念，不畏艰险，勇攀高峰！

把论文写在祖国大地上

科学研究既要追求知识和真理，也要服务于经济社会发展和广大人民群众。科技工作者既要夺取科学高峰上的锦标，也要把论文写在祖国的大地上，把科技成果应用在实现现代化的伟大事业中。我国科技工作者面向经济主战场，着力解决国民经济和社会发展面临的关键科技难题，为决胜全面建成小康社会、加快建设社会主义现代化强国，提供了坚强有力的科技支撑。

"小康不小康，关键看老乡"，全面建成小康社会最艰巨、最繁重的任务在农村，特别是在贫困地区，没有农村的小康特别是没有贫困地区的小康，就没有全面建成小康社会。

党的十八大以来，我国平均每年有1000多万人脱贫，相当于一个中等国家的人口脱贫。在迎来中国共产党成立一百周年的重要时刻，我国脱贫攻坚战取得了全面胜利，完成了消除绝对贫困的艰巨任务，创造了又一个彪炳史册的人间奇迹！

在脱贫攻坚斗争中，1800多名同志将生命定格在了脱贫攻坚征程上，生动诠释了共产党人的初心使命。"太行新愚公"李保国，就是他们中的一员。从1981年从事农业技术推广工作开始，李保国数十年如一日，扎根在河北的贫困山区，手把手教农民种植技术，把昔日的荒山秃岭改造成为经济林区，帮扶一方百姓走上小康之路，在去世前一天，他还主持了三个项目的验收会。

李保国曾说，他一生最得意的是"把我变成了农民，把农民变成了'我'"，"我学会了用农民的语言和他们交谈"。他用35年踏遍青山，身体力行，"把最好的论文写在祖国的大地上"。

李保国 用农民的语言和他们交谈 ❶

我1981年大学毕业后留校任教，从事山区开发与经济林栽培技术开发推广工作，至今已30多年。30年来，我把自己最好

△ 李保国现场教学

❶ 本文节选自作者的发言稿《情系山区三十载　科技富民永无悔》。

的论文写在了太行山上，印在了河北山区人民群众的心中。

　　1981 到 1986 年间，我们在邢台县前南峪村与易县望隆村进行爆破整地技术研究。那时的我还是课题组里的年轻同志，在老先生的带领下，我和同事们一道，风餐露宿，踏遍了项目中心区的所有山头地块，获取了第一手详尽的数据资料。我们常常是早上五点起床上山，晚上七八点才返回。山里条件差，上山带几个馒头一瓶水就很满足了，夜里甚至只能点柴油灯。经过多年在山坡上冒着生命危险的数千次爆破试验，我们提出了整地的方法，将过去只有酸枣、荆条等小灌木植被的干旱山地种上了苹果、板栗、核桃等高效经济林木，栽植成活率达到了90% 以上，使石质山地的造林技术发生了一次革命，让多年的荒山披上了绿装。

　　从那时至今，我的足迹踏遍了河北省山区，"生产为科研出题，科研为生产解难"一直是我从事科技开发工作遵循的原则。30 年与农民朝夕相处，我与农民结下了深厚感情，我学会了用他们的语言和他们交谈，传播新技术。推广新技术时，我手把手地教村民们操作，常常是一个小时才能教会一个人，但我从没有嫌麻烦。而朴实的山民也用他们特有的方式时时打动着我，鼓舞着我。每逢正月到村里，家家户户都邀请我吃饭，有时一天得赴六趟老乡的饭局。一次在村外遭遇交通阻塞，我又急着赶回去上课，村民甚至拆掉了自家院墙，为我开辟出行道路。每想起这些，我的心中就涌起一股热流。为了这些农民兄弟的真情，我愿意把自己的知识和能力全部贡献出来。

　　30 多年来，我在林业技术推广方面，坚持有求必应，每年 200 天以上的时间，我是在山区农村第一线度过的。不论是搞科研，还是技术推广和开发，我坚持讲求实效，不搞样子。比如在富岗的整地，我坚持高质量，但不是漂亮，是水土保持效果和有利于树体生长，有利于提高经济效益，不搞劳民伤财没效果的样子工程，因此，受到群众拥护。

　　这些年我努力用自己的工作，为改变河北省山区"旱、薄、蚀、穷、低"的状况做一分微薄的贡献。党和国家给了我很多荣誉，村民们甚至把我的名字和事迹刻录成碑文，矗立在村口。我只有更加努力地工作，才能不辜负党和国家，不辜负这片土地上的乡亲们。

在实现中华民族伟大复兴中国梦的奋斗历程中，中国科学家把人生理想融入国家富强、民族复兴的伟大事业，把科研方向聚焦于解决国民经济和社会发展面临的关键科技难题，为经济社会发展提供了有力支撑。

"我的中国梦，始自家国离乱的残酷现实，发酵于对故土的牵挂和对民族强盛的渴望。"材料科学家、2010年度"国家最高科学技术奖"获得者师昌绪，在回顾自己的科研人生时，把为祖国做贡献定义为"人生第一要义"。

这位被誉为"材料医生"的科学家，一直致力于材料科学研究与工程应用工作。20世纪60年代，我国战机发动机急需高性能的高温合金叶片，他率队研制的铸造九孔高温合金涡轮

△ 1968年，师昌绪（左二）到工厂检查发动机涡轮盘

△ **师昌绪（杜爱军/绘）**

叶片，解决了一系列技术难题，使我国成为继美国之后第二个自主研发该关键材料技术的国家。他还根据我国资源情况研发出多种节约镍铬的合金钢，解决了当时我国工业所需。

即便在耄耋之年，师昌绪依然极力倡导并参与我国高强碳纤维的研发与应用，并积极建言大飞机等国家重大科技工程的立项工作。他科研经历中每个阶段的工作，无论是主持科技攻关课题，还是建言献策，都紧紧围绕解决国民经济和社会发展关键问题而展开，始终把人生理想和个人事业与国家科技事业的发展紧密联系在一起。

师昌绪　我的中国梦 [1]

我的中国梦，始自家国离乱的残酷现实，以及让祖国强大起来的强烈心愿。

20 世纪 30—40 年代，军阀混战、日寇入侵，我立下"强

---

[1] 节选自《让祖国强大起来》。

国之志"——让中国强盛起来。这个志向一直激励我前进，至今不改。基于"实业救国"的考虑，我读大学时，选择读采矿冶金工程。1948年，我留学美国，转而攻读冶金与材料。

我的中国梦，发酵于对故土的牵挂和对民族强盛的渴望。

20世纪50年代初，美国政府阻挠中国留学生回国，作为积极分子，我经过艰苦斗争，于1955年回到新中国的怀抱，那年我37岁。

回国的历程简直就像一场战争！在麦卡锡主义猖獗的时代，只要被发现亲共，就会遭到迫害，我们那时在美国给周恩来总理写信，主要为了实现强国之梦。

虽然在美国生活安定，又取得了一定成就，但是这一切都不能阻挡我回国效力的决心。我对麻省理工学院的一位大教授说："在美国，我是可有可无的人。而我是中国人，祖国需要我，所以，不顾任何阻挠一定要回到中国。"

我的中国梦，融进了高温合金铸造这一航空发动机涡轮叶片新领域。

回国后，我被派到当时生活比较艰苦的位于沈阳的中国科学院金属研究所，从事金属材料的研究与开发，一干就是30年。我们于1959年开始了铸造合金做涡轮叶片的研究，并取得创新成果。

1964年我国自行设计的超音速歼击机问世，而合适的航空发动机却没有着落。我们承担了攻克铸造空心涡轮叶片的难题，从实验室到试车、试飞，直至在工厂批量生产，仅用了一年多。

以上工作使我国航空发动机涡轮叶片上了两个台阶，即从变形到铸造，从实心到空心；同时，也带动了全世界铸造气冷涡轮叶片的发展。目前，全世界先进航空发动机都采用了铸造高温合金，中国做出了一项具有开拓性的工作。

为实现中国梦，我82岁时领衔挑战"高强度碳纤维"研发项目，建言改变拨款机制——不是把资金分发到相关单位，而是集中使用，形成"国家队"，随机取样、集中测试、数据公开、优胜劣汰。用了5年时间，实现了T300碳纤维研发过关，满足了我国歼击机、直升机和大运输机的应用需求。

为实现中国梦，我不断为国家航空工业的发展提建议，并得到采纳和实施。作为一个中国人，就要对中国做出贡献，这是人生的第一要义。

———————◆◇ ◇◆———————

作为世界第一人口大国，中国经济社会的发展对全球产生着重要影响，也因此引发世界对中国发展的极度关注。其中，对中国粮食安全的担忧，自第二次世界大战之后就长期存在。1995年，美国学者布朗的著作《谁来养活中国？》，将这种担忧推向了顶点。

在"布朗问题"被提出的近30年里，中国用实际行动向世界做出了回答：中国依靠全球6%的淡水资源、7%的耕地资源，养活了20%的世界人口，保持了95%的粮食自给率。中国不仅"把饭碗牢牢端在自己手中"，没有对世界粮食市场形成冲击，没有对发展中国家的粮食需求形成涨价和进口竞争威胁，反而对其他发展中国家解决粮食安全问题产生了较好的外溢效应。比如，以袁隆平为代表的中国农业科学家研发的杂交水稻，被逐渐推广到印度、越南、菲律宾等几十个国家和地区，实现了大面积商业化种植，为保证这些国家的粮食安全发挥了积极作用。

袁隆平自 20 世纪 60 年代起就致力于杂交水稻研究。1966 年，袁隆平在《科学通报》上发表论文《水稻的雄性不孕性》，在国内首次论述水稻雄性不育性的问题，提出了水稻杂种优势利用的设想。

△ 1967 年，袁隆平在试验田介绍雄性不育水稻

241

△ 超级杂交稻

杂交水稻是我国首创的重大科技成果。1980年，杂交水稻技术作为新中国成立以来的第一项农业技术转让美国，引起了国际社会的广泛关注。20世纪90年代初，联合国粮农组织（FAO）将推广杂交

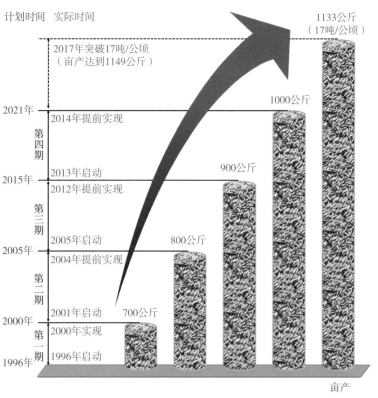

计划时间　实际时间

2017年突破17吨/公顷（亩产达到1149公斤）

1133公斤（17吨/公顷）

2021年　2014年提前实现

第四期

2015年　2013年启动

1000公斤

2012年提前实现

第三期

900公斤

2005年　2005年启动

2004年提前实现

第二期

800公斤

2000年　2001年启动

2000年实现

第一期

700公斤

1996年　1996年启动

亩产

△ 超级杂交稻研究进展示意图

242

水稻列为世界产稻国提高粮食产量、解决粮食短缺问题的首选
战略措施。自1996年我国农业部启动"中国超级稻育种计划"
以来，经过20多年的攻坚克难，水稻大面积单产世界纪录被
不断刷新。

　　"杂交水稻覆盖全球梦"是袁隆平的伟大梦想。几十年来，
他一直致力于"发展杂交水稻、造福世界人民"，多次前往印
度、孟加拉国、越南、菲律宾、美国等十多个国家指导和传授
杂交水稻技术。他的目标是让中国杂交水稻覆盖全球一半的稻
田，增产的粮食每年可以多养活4亿~5亿人口。

△ 袁隆平向国际友人介绍超级杂交稻

在我国政府的帮助下，全球有近 40 个国家和地区开展杂交水稻研究和试种示范，其中美国、印度、越南、巴基斯坦、孟加拉国、印度尼西亚和菲律宾等国家已实现商业化生产，普遍比当地品种增产 20% 以上，有的甚至成倍增产。目前，国外杂交水稻年种植面积约 700 万公顷。杂交水稻成为我国农业"走出去"和服务"一带一路"倡议的一项重要内容，成为我国科学发展、和平崛起、向世界展示大国责任的一个重要标志。

袁隆平　梦想靠科学实现

我有两个梦，一个是"禾下乘凉梦"，一个是"杂交稻覆盖全球梦"。"禾下乘凉梦"是我真正做过的梦，梦见试验田里的水稻，植株长得比高粱还高，穗子有扫帚那么长，籽有花生米那么大。我和助手走过去，坐在稻穗下乘凉。

梦想能否成真，终归要看科学技术的发展。2014 年超级杂交稻登上了亩产超过 1000 公斤的高峰，这是世界水稻生产史上的一个新里程碑，也意味着向"禾下乘凉梦"迈出了坚实一步。这一方面说明中国杂交稻水平在世界遥遥领先，中国人有志气、有能力创造世界奇迹；另一方面也说明中国人有能力将饭碗牢牢端在自己手里。下一步将建议国家立项，启动以每公顷 16 吨（每亩 1067 公斤）为目标的超级稻第五期攻关计划。如果这个目标实现了，下一个目标就是每公顷 17 吨……一直攻关到每公顷 20 吨。

这样有人就要问：水稻的产量到底有没有顶？科学技术发展是无止境的。随着育种技术等集成技术的进步，水稻亩产的潜力等待着科研人员持续挖掘。但这和"人有多大胆，地有多大产"是完全不同的，是遵循科学规律的创新发展。水稻亩产提高的潜力到底有多大？在理论上，水稻的光合作用对地表太阳能的利用率可以达到 5%。目前我国水稻平均亩产为 800 公斤左右，只相当于利用了 1% ~ 2%。通过科技进步，把光能的利用率提高到理论水平的一半，即意味着亩产翻番；开展分子水平的育种，达到 3% 的光能利用率也是可能的。因此，尽管"禾下乘凉梦"的实现还有很长的路要走，但它是有科学依据的梦。

科学技术改变着人类社会面貌，推动着人类文明进步，塑造着人类生产生活形态，更新着人类思维方式，我们要相信并敬畏科学的力量。未来，当全球人口达到百亿人的时候，解决粮食问题也许要靠人造食物：用水、阳光、二氧化碳加上人工光合作用来制造食物。科学家要勇攀科学高峰，科学进步更要发扬科学精神、讲究科学方法。超级稻的高产不是一亩两亩田，而是几个百亩地片平均亩产都要达到 1000 公斤，实现起来就要靠科学的方法，做到"四良配套"：良种是内在、核心；良法指好的栽培技术和方法，是手段；良田是基础；良态是要有好的生态环境。

"杂交稻覆盖全球梦"怎么实现？要靠开发好品种，让好种子走出国门。目前，世界一半以上的人口、中国60%以上的人口以稻米为主食。可以自豪地说，中国的杂交稻在世界上具有绝对优势，遥遥领先。前年，在菲律宾召开过一个杂交水稻国际会议，世界五大种业公司在会上展示自己的杂交稻新品种，前3名都是中国的杂交稻。现在全世界有22亿多亩水稻，而包括中国在内只有3亿多亩是杂交稻。如果都能改种杂交稻，增产的粮食就可以多养活5亿人口。

科技进步需要开放的眼界和走出去的胆识。有人担心：我们把良种输出到国外，被人学去了怎么办？这种担心大可不必。良种输出是分批次进行的，适当输出相对成熟的品种，不会影响我们在这一领域的优势。圆"杂交稻覆盖全球梦"，一要推进改革开放，把我们的好品种拿出去，不要保守；二要扶持我们的种业，国家给予优惠政策，让国内的种业企业走出去与国外企业交流过招，锻炼、壮大自己。"杂交稻覆盖全球梦"既能为世界粮食安全做出贡献，又能大大提高我国的国际地位，自然也能带来可观的经济效益。当前，我国杂交稻研发走在了世界前面，小麦也跟了上来，超级小麦、超级玉米、超级马铃薯正在不断攻关。中国的科学家就应该不断攀登世界科学高峰。

让我们自己成为"巨人"

科技兴则民族兴，科技强则国家强。世界处在新一轮科技革命和产业革命孕育兴起的过程中，如果我们不识变、不应变、不求变，就可能陷入战略被动，错失发展机遇，甚至错过整整一个时代。

党的十八大以来，我国在面向国家重大需求的战略高技术研究方面屡创佳绩：超级计算机连续刷新运算速度的世界纪录；载人航天和深空探测取得系列重要成果；北斗导航系统向全球提供服务；载人深潜、深地探测不断拓展人类向地球深部探索的空间；国产航母、大型先进压水堆和高温气冷堆核电、天然气水合物勘查开发、纳米催化、金属纳米结构材料等进入世界先进行列。

核心技术是买不来的，现代化是买不来的。面对国家对战略科技支撑的迫切需求，面对国外对"卡脖子"技术的封锁，只有一个选择——让我们自己成为"巨人"。

"我们必须跨越，否则将被世界越甩越远。"这是"神威"超级计算机总设计师金怡濂刻骨铭心的感触。在深刻认识到"现代化买不来"这个道理之后，他痛下决心研发中国自己的超级计算机，并最终让中国成为世界超算领域的"巨人"。

金怡濂　追求速度，超越速度

　　改革开放初期，我国从国外进口了一台计算机。我们花钱聘请的两个"洋监工"却不让我方技术人员接触机舱内的核心部件，连开机、关机都必须由他们操作。这件事深深刺痛了中国科技工作者的心，我们感到现代化是买不来的。

　　现代化买不来！道理简简单单，却让我痛得刻骨铭心。我陷入了思索，中国人何时能够实现自己的梦想？为了尽快给出答案，几十年来，我将所有精力都集中到一个方向：追求速度、超越速度，发展自己的高性能计算机。我们必须跨越，否则将被世界越甩越远。我下定决心研制具有世界先进水平的巨型计算机

△ 金怡濂在工作中

△ "神威 2" 超级计算机

"神威"。我和科研人员一道，一个个检查成千上万个焊点。我的要求：哪怕是一个焊点、一枚螺丝钉也要体现世界水平！也为此，花甲之年的我付出了超常的代价：每天深夜回到家时都几近虚脱，先要在沙发上躺半个小时才有力气开口说话。

经过近百名科研人员历时数年的艰苦努力，"神威"高性能计算机终于横空出世，峰值运算速度达到 3840 亿次每秒。我曾深情地说过："国运昌则科技兴，科技兴则国力强，没有改革开放就没有中国巨型机事业的起飞与发展。"

面向国家重大需求，不仅要突破国外的技术封锁，把关键核心技术掌握在自己手里，还要"把实验室里的成果变成真正的应用"。这是 2018 年度"国家最高科学技术奖"获得者刘永坦对科学家职责使命的理解，也是他率领团队 40 年磨一剑锻造"雷达铁军"所秉持的坚定信念。

雷达素有"千里眼"之称，雷达看多远，国防安全就能保多远，但传统雷达也有"看"不到的地方，因此世界上不少国家致力于新体制雷达的研究。新体制雷达不仅代表着现代雷达的一个发展趋势，而且在航天、航海、渔业、沿海石油开发、海洋气候预报、海岸经济区发展等领域也具有重要作用。

1981 年，结束在国外进修的刘永坦抱持着"开创中国新体制雷达之路"的决心，回到哈尔滨工业大学。自此，在他的带领下，一场填补国内空白、从零起步的科研攻坚战轰轰烈

△ 刘永坦

地展开。这一战，就是40年！

从项目预研究开始，刘永坦和团队攻克一个个技术难关，取得一次次阶段性胜利。1991年，团队在"新体制雷达与系统试验"中取得重大突破，建成我国第一个新体制雷达站，获得"国家科技进步奖"一等奖。但刘永坦认为"这还远远不够"，在他看来，科研成果如不能转化为实际应用，

△ 刘永坦在工作中

就如同一把没有开刃的宝剑，中看不中用，这对国家来说是一种巨大的浪费和损失，"一定要让新体制雷达走出实验室，走向海洋"！随之而来的是更加艰苦卓绝的工作，也是更加喜人的成果。我国打破了国外的技术垄断，成为世界上少数几个拥有新体制雷达技术的国家。

40 年铸剑守海疆，如刘永坦所言，"如果没有坚定的报国信念，只追求个人的功名和安逸，恐怕连 5 年都挺不住"，要铸就利国利民的重器利器，就要有"一生磨一剑"的精神。

刘永坦　一生磨一剑 ❶

对哈工大来说，今天是个重要的日子，建校百年纪念日，很荣幸能代表老师们讲几句话。很多人劝我多讲讲自己，其实我和大多数老师一样，年轻的时候来到这里，喝着松花江水长大，一辈子在这读书、教书、做科研，一辈子就做雷达这点事，头上的光环都是党、国家和人民给的，取得的成果都是学校、大家共同努力的结果。因此，我想借这个宝贵机会讲点学校的事。

第一，哈工大是有精神的。就像国家民族的发展，哈工大的百年办学之路充满了艰难曲折，能够取得今天的成就真的很不容易。我 1953 年来到哈工大，目睹了学校翻天覆地的变化，

---

❶ 本文是作者于 2020 年 6 月 7 日在哈尔滨工业大学 100 周年校庆纪念大会上的发言。

亲身经历了难以忘怀的磨难，这些磨难和变化不是我一个人的，而是属于一个国家、一个时代的。经历了那么多艰难险阻，哈工大都没有倒，说明哈工大身上有那么一股子劲，只要这股劲不丢，哈工大就会越来越好。

第二，哈工大人是爱国的。现在学校最老的我们这批教师大多出生在20世纪二三十年代，家国破碎、颠沛流离给我们心中埋下了爱国的种子，伴随一生、深入骨髓。看看我们哈工大的科研成果，哪一个不是10年、20年甚至一个团队一生磨一剑的结果？如果没有坚定的报国信念，只追求个人的功名和安逸，恐怕连5年都挺不住，也团结不起来，就不会在中国的黑土地上扎住根，更做不出什么利国利民的重器利器。哈工大四大精神把"铭记责任、竭诚奉献的爱国精神"排在首位，是非常非常有道理的。

第三，哈工大的学生是有情怀的。大学的根本使命是立德树人，立什么德、树什么人的问题是决定一所大学受不受人尊重、能不能被人景仰的关键。哈工大的学生是有家国天下情怀的，都能把国家的需要、人类的命运作为职业方向的首选，很多校友都在航天、国防、土木、建筑领域做出了杰出贡献。这样的校友越多，投身哈工大的有志青年就越多，哈工大为国家和人类做出的贡献就越大，我们的新百年就越值得期待。

最后，祝愿我们哈工大百尺竿头更进一步，祝愿我们伟大的祖国风雨不动安如山！

"中国要强盛、要复兴，就一定要大力发展科学技术，努力成为世界主要科学中心和创新高地。"党的十八大以来，我国科技事业密集发力、加速跨越，实现了历史性、整体性重大变化，一些前沿方向开始进入并行、领跑阶段，科技实力实现了从量的积累向质的飞跃、从点的突破向系统能力的提升。

不过，目前在很多科技领域，中国只能说是"大国"而不是"强国"，这是中国科学家面对成绩时的清醒认识，也是向着"建设世界科技强国"目标继续奋斗的催征号角。

我们"正走在'由大变强'的路上"。这是我国现代防护工程理论奠基人、2018年度"国家最高科学技术奖"获得者钱七虎，走过一甲子科研历程后的深刻感受。

20世纪60—70年代，钱七虎投身于现代防护工程理论开创性研究，带领团队几乎跑遍了全国各地著名高校、研究所和工程现场，成功研制出我国首套爆炸压力模拟器，建成了国内唯一的爆炸冲击防灾减灾国家重点实验室，解决了核武器和常规武器工程防护一系列关键技术难题，为我国战略工程安全装上了"金钟罩"。

△ 钱七虎在工作中

"爱党信党跟党走，是我一生中最正确、最坚定的选择。"这是钱七虎始终抱定的信念。"社会主义制度优势、中华民族家国情怀的优良传统与博大精深的中华文化、马克思主义世界观和认识论的优势"，将是我们建设科技强国的制胜之道。

钱七虎 加速迈向科技强国的 伟大目标

目前在很多科技领域，中国只能说是"大国"而不是"强国"，正走在"由大变强"的路上。以我从事的岩石力学与工程为例，中国的岩石力学与工程科技工作者的数量世界第一，中国建成与在建的岩石工程的数量世界第一，规模最大最复杂的工程也在中国。中国以前的大型岩土工程装备，例如开挖隧道的盾构机和 TBM 硬岩掘进机都是从国外引进的，不能建长大深埋隧道，现在这些高端装备的国产化率和高端装备的市场占有率都有所提高，可以出口海外，长大深埋隧道也具备建设能力。经过 10 多年的努力，我担任主编的英文学术期刊《岩石力学与工程学报》（*Journal of Rock Mechanics and Geotechnical Engineering*）2019 年也被 SCI 收录了；中国的冯夏庭教授担任了国际岩石力学学会主席。

尽管如此，建成岩石力学与工程强国，还需要多方面攻坚，包括高端装备的核心部件研制；岩石工程的技术标准和试验方法的创新；岩石力学的基础理论的探索。此外，更需要在国际性的学会与学术期刊以及制定技术标准等平台上取得更大的话语权。

科技需求是科技创新的动力，中国强大的科技需求必将牵引中国科技创新的快速发展。以我从事的防护工程领域来说，川藏铁路建设提供了大量必须攻克的岩石力学与工程科技的难题：川藏铁路全线80%以上是长大深埋隧道，平均长度10公里，平均埋深1公里，最大埋深大于2.9公里，这些位于印度板块与欧亚板块碰撞带高海拔地区的隧道建设亟须解决岩爆、挤压大变形等一系列科技创新需求。因此，正如国际岩石力学学会前主席英国皇家工程院院士哈德逊所言，"21世纪的岩石工程与岩石力学在中国"。

中国在应对重大挑战面前的独特优势：一是集中力量办大事的社会主义制度优势；二是中华民族家国情怀的优良传统与博大精深的中华文化；三是马克思主义世界观和认识论的解难事的优势。这些优势必将在建设科技强国的道路上充分发挥出巨大作用。

2020年是中国建设世界科技强国"三步走"战略目标的重要时间节点，站在这个时间节点上，基于中国最强大的科技创新需求，凭借独特优势，只要我们科技工作者众志成城，充分贡献聪明才智，我们一定能实现建成领跑世界的科技强国的伟大目标！

人民至上，生命至上

面向人民生命健康，是党中央在"面向世界科技前沿、面向经济主战场、面向国家重大需求"基础上，坚持"以人民为中心""科技为民"做出的新部署。

人民健康是社会文明进步的基础，是民族昌盛和国家富强的重要标志。人民对美好生活的向往，最基本的需求就是生命健康。科学技术是人类同疾病斗争的锐利武器，是保护人民生命健康的安全屏障。同时，与人民生命健康息息相关的一系列新兴技术的蓬勃发展，新技术、新产品、新业态的不断涌现，有望引领全球新一轮经济高质量发展，面向人民生命健康的相关领域，正演变成为世界科技竞争的主战场。

党的十八大以来，我国在新药创制、基因科技、高端医疗器械、生物安全等领域取得长足进展，特别是在应对新冠肺炎疫情这一重大突发公共卫生风险中，经受住了严峻的考验。未来，聚焦人民关心的重大疾病防控、食品药品安全、人口老龄化等重大民生问题，科技将继续为人民生命健康保驾护航。

近十年来，我国医药行业经历了从"跟踪仿制"向"模仿式创新"的历史性转变，而在过去相当长的一段时期里，在医药行业里流行的一种说法是"不搞创新是等死，搞创新就是找死"，投入大、周期长、风险高，是新药创制最突出的特点。从犹疑畏难到主动求变，这背后，既有新药创制重大专项等国家科技举措的推动，也有医药科技领域工作者艰苦卓绝的努力！

"将个人成才与国家利益相结合，并服从于国家利益，把自己的才能无私地奉献给社会主义现代化建设事业。"这是王逸平在入党申请书中写下的，这也是他所选择的人生的方向：始终把党的要求、国家的需要、人民的期盼作为自己的奋斗目标。20 世纪 80 年代初，刚刚跨入医药科技领域的王逸平就立下一个坚定的志向："如果一个药是全球医生的首选，才是我理想中成功的药。希望我此生可以做成这样一个药。"当时在生物医药领域有个"双十定律"，即"十亿美金、十年时间"是研发新药最基本的投入，即便如此，很多人可能一辈子也做不出一个新药。对新药研发的"九死一生"，王逸平有着清醒的认识，他经常对学生说，在新药创制的路上，失败远比成功多，所以要"时刻提醒自己坚持'再战一个回合'，能够坚持'再战一个回合'的人，是不会被打垮的"。

王逸平把目标锁定在心血管疾病新药研制

△ 王逸平

△ 2006 年，工作中的王逸平

上，义无反顾地踏上了这条艰辛之路。然而，这位梦想解除亿万人病痛的科学家，自己却陷入一场与病魔旷日持久的鏖战——克罗恩病，一种截至目前尚无药可治的顽疾，深深缠上了他。那一年，他年仅30岁。

在得知自己的病情后，王逸平以挑战新药研制的勇气，直面命运的挑战：他以几乎没有节假日的每天超过 12 小时的工作强度，与病魔争夺"再战一个回合"的时间。历经 13 年艰辛付出，王逸平终于率领团队研制成功治疗心血管疾病的现代中药丹参多酚酸盐粉针剂。

然而，当他向下一个新药目标——硫酸舒欣啶挺进时，与病魔的持久战终于耗尽了他的生命。他在办公室猝然离世时，面前还放着用于给自己注射的止痛针，他原本准备再战一个回合。

在他的遗物中，有一本记录自己病程的笔记本，他生前的很多同事直到此时才得知，一向以积极乐观形象示人的王逸平，竟默默承受着常人难以想象的病痛折磨。在他的遗物中，还有一张飞机票，他

△ 王逸平对自己病程的记录

心爱的女儿即将毕业，他计划去参加女儿的毕业典礼。

"辰辰，我们希望你做一个踏实的人……用一颗善人善己之心，去对待身边的人和事。要有一种坚韧的毅力和不断上进、持之以恒的精神，不向困难低头。"这是王逸平和妻子在女儿14岁生日时，写给女儿的文字，而王逸平则用自己的人生，为这些文字做了最好的诠释。

王逸平　给女儿的一封信

亲爱的辰辰：

自从你诞生在我们这个家庭的那一刻起，你就时刻牵动着爸妈的心。应该说，我们是有缘的、是幸福的，因为有了你，我们的家里充满了幸福、欢乐和希望。你是幸运的，因为你拥有用全部身心去关爱你的父母。

从你开始学步一直到今天，已走过了14个年头，你已成长为一名上外附中的初中生，你已经懂得了很多的道理，你也知道关心他人了。我们知道，你有爱心，会很热心地去帮助周围的人，助人为乐是一种美德，爸妈很为你骄傲和自豪。

辰辰，我们希望你做一个踏实的人。不要轻视平凡的事，不要投机取巧，不要苛求自己做不到的事。用一颗善人善己之心，去对待身边的人和事。要有一种坚韧的毅力和不断上进、持之以恒的精神，不向困难低头。遇事要胜不骄、败不馁，要有一种平和的心态，只有这样，才能从容面对纷繁复杂的世界。你会一年年地长大，你会发现自己身上有许多你没有意识到的缺点，但你要正视它，不要躲避，要一点点地加以改正，战胜自己比征服他人更要来得艰巨。孩子，要切记：做事容易，做人难。人生会经历许多坎坷，你一定要一步一个脚印地走好人生的每一步。

我们希望你能健康地生活。生命在于运动！你要自觉地坚持运动，要养成良好的卫生习惯和科学的生活习惯。要知道：健康的体魄才是生存的根本，才是实现人生奋斗目标的保证。

在做人方面，爸妈希望你要逐渐培养一种责任感，不要总是想着别人应该为你做些什么，而要想着能为别人做些什么。自己的事情要自己做，没有责任感的人难以成就大事，也不会拥有真正的朋友，更难以被社会所认同。责任感体现在家里、学校、社会生活的方方面面。

你要学会与人沟通，与父母沟通会加深亲情，与老师沟通会明晓事理，与同学沟通会增进友谊，与外界沟通会更好地了解社会。良好的沟通能使你消除心中的郁结，良好的沟通会使你感受到生活的美好。

平时，爸妈对你很严格，经常唠唠叨叨，对你管头管脚，会让你感觉不舒服。有时，也许会对你发脾气，但我们希望你知道，这都是为了你好。你要懂得和珍惜感情，要有一颗感恩的心，感恩父母的关爱，感恩老师的教诲，感恩同学的友情，感恩社会的帮助。要爱自己和爱他人，要懂自己和懂他人。要知道，爱是无私的，如果说爱是要求回报的话，那也只是希望你是一个健全的人、一个学有所成的人、一个富有感恩之心的人、一个对社会有用的人，你的健康成长就是对给予你爱的父母、老师、同学、社会的最好回报。你的成长过程中取得的每一点成绩和进步，都是你努力的结果，同时也凝结着父母、老师的教诲和同学的关爱。

爸妈希望你成为一个全面发展的人，健康，快乐，成长每一天！

爸爸：王逸平，妈妈：方洁

2010 年 5 月 11 日

医界有一句话：德不近佛者不可为医，才不近仙者不可为医。作为中国肝胆医学的开拓者和创始人之一的吴孟超，将从医之道总结为"为医者德为先"，这也是他 70 年从医最深刻的感悟。

众所周知，肝胆疾病特别是肝癌，严重威胁着人类的生存与健康。世界卫生组织资料显示，全球每年约有 100 万人死于肝癌，新增肝癌病人的 50% 以上在我国。

新中国成立之初，我国肝胆外

△ 精神矍铄的吴孟超（方鸿辉／摄）

△ 吴孟超手术成功后的喜悦
（《解放军报》记者／摄）

科在一片空白基础上起步。当时还是住院医生的吴孟超，就带领年轻医生张晓华、胡宏楷组成的"三人小组"向肝胆学科进发。从那时起，直到 2019 年退休，吴孟超的医学人生堪称新中国医学事业发展历程的缩影：从起步阶段被国外同行轻视，到一次次创新肝胆基础理论、突破肝胆外科手术的禁区，不断地刷新临床医学惊人的纪录，实现他年轻时立下的志向——"卧薪尝胆，走向世界"。

在吴孟超的感悟中，医生的德主要体现在对病人要有"三心"：仁爱之心，责任之心，同情之心。

几十年来，他在冬天查房时，都是先把双手用力搓热或在口袋里捂热后，再去接触病人的身体。在每次为病人做完检查后，他还会顺手为他们拉好衣服和被角、协助他们系好腰带，并弯腰把地上的鞋子放到他们最容易穿的地方。医者以仁爱之心待人，时刻为病人着想，给病人以温暖和关怀。

他常说："医生要用自己的责任心，把病人一个一个都背过河去。"敢于承担风险和责任是衡量一名医生是否具备行医资格的基本标准，医生只有敢于承担风险，才能在救助病人时不瞻前顾后、顾虑重重。如果一名医生在风险面前过多考虑自己的名利得失，那无数的病人也就可能在医生的犹豫和叹息中抱憾地离开人世。

肝胆外科接诊的病人，大部分是肝胆肿瘤病人，病情复杂，往往已是癌症晚期，手术难度自然高。"想病人所想、急病人所急、痛病人所痛"，是吴孟超对医者"同情之心"的最好诠释。他做手术，用的麻醉药和消炎药都是最普通的；结扎都是用传统的手缝而不用专门的器械；给病人用的引流管，是买来成捆的塑料管，亲自将它们截成一段一段做成双套引流管，不仅效果好且每根只要 1 元钱，而市场上一根单纯的引流管的价格在30 元以上。为病人做检查也尽量为他们省钱，如果做 B 超能解决问题，决不让病人去做 CT 或者核磁共振，如果病人从外院带来的片子能够诊断清楚，决不让他们再做第二次检查。

秉持着对病人的仁爱之心、责任之心、同情之心，吴孟超在近 90 岁高龄时，每周仍然会完成几台高难度的肝癌切除手术。他说："在医生这个岗位上，我感悟了生命的可贵、责任的崇高、人生的意义……如果有一天我真的倒下了，就让我倒在手术室里吧，那将是我一生最大的幸福！"

吴孟超　我的几句心里话

作为一名医生和教授，看病治病、做学问、带研究生、管理医院，这些都是我的本职工作。有许多同行，他们做得比我好。我们有不少新的技术，就是向同行学习的。党和人民却把这么多的荣誉给了我，我心里很不安。这些荣誉和褒奖，不是我吴孟超一个人的，它属于教育培养我的各级党组织，属于教导我做人行医的老师们，属于张晓华、胡宏楷、陈汉，以及与我并肩战斗的战友们！

这些年，遇到不少年轻的朋友，与我探讨人生的意义，谈论知识分子的价值，还问我有些什么成功的秘诀。回顾我的一生，我常常问自己，如果不是选择了跟党走，如果不是战斗生活在军队这个大家庭，我又会是一种怎样的人生呢？我可能会有技术、有金钱、有地位，但无法体会到为人民服务的含义有多深，共产党员的分量有多重，解放军的形象有多崇高。我发自肺腑地感激党、热爱党，发自肺腑地感激军队、热爱军队！

有人问我："你这一辈子不停地看门诊、做手术，会不会觉得很累，有没有感到很枯燥？"我的体会是：一个人全神贯注地做他愿意做、喜爱做的事情，是很愉快的。

我从拿起手术刀、走上手术台的那天起，看到一个个肝癌病人被救治，看到一个个肝病治疗禁区被突破，看到一个个康复者露出久违的笑容，常常情不自禁地高兴，发自内心地喜悦。在医生这个岗位上，我感悟了生命的可贵、责任的崇高、人生的意义。

看来，我这一辈子是放不下手术刀了。我曾反复表达过个人的心愿：如果有一天我真的倒下了，就让我倒在手术室里吧，那将是我一生最大的幸福！

有人说，吴孟超，你拿了那么多第一，拥有那么多头衔，获得那么多荣誉，你这一生值了。是啊，就我的人生来讲，这些东西确实够多了。但是要说"值"，它究竟值在哪里？我想最重要的是，它凝聚着祖国和人民的需要。作为一位知识分子，只有把个人的发展与祖国和人民的需要紧紧联系在一起，我们的知识价值、人生价值才会有很好的体现。

回想我走过的路，我非常庆幸自己当年的四个选择。选择回国，我的理想有了深厚的土壤；选择从医，我的追求有了奋斗的平台；选择跟党走，我的人生有了崇高的信仰；选择参军，我的成长有了一所伟大的学校。

如果说有什么成功秘诀的话，我这几条路走对了，就是秘诀。

———◆◇　◇◆———

2020年，无论对于中国还是世界，都是极不平凡的一年。当中国迎来决胜全面建成小康社会的关键节点，即将站上"两个一百年"奋斗目标交汇的历史方位，当世界面临百年未有之大变局，一场大自然对全人类的考验悄然而至——来势汹汹的新冠肺炎疫情肆虐全球。这是百年来全球发生的最严重的传染病大流行，是新中国成立以来我国遭遇的传播速度最快、感染范围最广、防控难度最大的重大突发公共卫生事件。

在这场同疫情的殊死较量中，我国发挥新型举国体制的制度优势，同时间赛跑、与病魔较量，迅速打响疫情防控的人民战争、总体战、阻击战，仅用短短数月就夺取了全国抗疫斗争重大战略成果。

人民不会忘记：

牵挂武汉千万百姓的习近平总书记说："大年三十我夜不能寐。""指导组有什么情况、有任何需要，可以打电话直接和我说。"

在疫情扑朔迷离之际星夜兼程奔赴抗疫最前线的钟南山说："武汉是座英雄的城市，有全国、有大家的支持，武汉一定能过关！"

身患渐冻症、步履蹒跚的张定宇说："我必须跑得更快，才能跑赢时间，才能从病毒手里，抢回更多的病人。"

因驰援武汉连日劳累做了胆囊摘除手术的张伯礼说："我与武汉人民'肝胆相照'。"

临危受命接受研发疫苗紧急任务的陈薇说："除了胜利，别无选择！"

人民不会忘记：

当一个14亿人口的大国按下"暂停"键，国家在以怎样强有力的支撑保障百姓的正常生活！

当火神山医院和雷神山医院在十几天时间内先后建成，亿万在线陪伴施工的"云监工"是何等骄傲和自豪！

当大年初三的夜幕降临，从武汉很多小区传来嘹亮的国歌声，这歌声里蕴藏着多么深厚的民族自信和家国情怀！

当最先遭遇疫情突袭的中国第一时间发布新冠病毒基因序列信息、边恢复生产边向陆续陷入疫情的国家提供抗疫物资，中国的担当，为全球赢得这场人类同重大传染性疾病的斗争，做出了何等彪炳史册的贡献！

在这场大自然对人类的大考面前，中国科技工作者与全国人民一起，铸就了生命至上、举国同心、舍生忘死、尊重科学、命运与共的伟大抗疫精神，向世界展现了中国精神、中国力量、中国担当，创造了人类同疾病斗争史上又一个英勇壮举！

钟南山　人民至上，生命至上

人民安全是国家安全的基石，人类健康是社会文明进步的基础。面对突如其来的新冠肺炎疫情，以习近平同志为核心的党中央统筹全局、果断决策，坚持把人民生命安全和身体健康放在第一位，全党全军全国各族人民上下同心、全力以赴，取得抗击新冠肺炎疫情斗争重大战略成果，创造了人类同疾病斗争史上又一个英勇壮举。当前，我国基本恢复了正常生产生活秩序，并且实现了疫情的常态化防控。这可以说是一个奇迹。

回顾中国人民抗击新冠肺炎疫情的艰苦斗争，一个个感人细节诠释着人民至上的价值理念，一件件生动事实彰显着生命至上的使命担当。习近平总书记强调："人民至上，生命至上，保护人民生命安全和身体健康可以不惜一切代价。"无论是出生仅 30 多个小时的婴儿，还是 100 多岁的老人，我们都全力救治；优秀的人员、急需的资源、先进的设备，我们都全力保障；所有的救治费用全部由国家承担，所有的救治方案全部用上……

△ 工作中的钟南山

为挽救每一个生命倾尽全力，这是我们抗击疫情的普遍共识，"人民至上，生命至上"是中国抗疫斗争最鲜明的底色。对于广大医务人员来说，自己的工作是"健康所系、生命相托"。这份责任不但成为医务人员在应对突发公共卫生危机时无畏前行的动力，还时刻提醒着医者是人类与病魔斗争的最后一道防线，而这背后就是生命的重量。这次抗疫斗争让我们更加明确：不管是面对急性传染病还是多发、常见及危害大的各种慢性病，保障全国人民身体健康和生命安全，永远是我们公共卫生及医疗战线工作者的首要使命。

生命是宝贵的，生命对每个人来说都只有一次。"人民至上，生命至上"，为抗击疫情斗争取得重大战略成果提供了科学理念。这个理念体现在我们在全国层面将重点放在预防上，不给病毒在全国传播的机会，这样才能把疫情范围和感染人数牢牢控制住。如果放任病毒传播，即使后来有再好的治疗方法也难以控制住疫情。当然，这不是没有代价的。我们果断关闭离汉离鄂通道，实施史无前例的严格管控。为了在我们这样一个拥有14亿人口的发展中国家有效控制疫情，我们让一座千万人口级别的城市按下"暂停键"，付出了巨大代价。但生命至上，这是必须承受也是值得付出的代价，因为经济的损失可以补回来，人的生命如果失去就不会再来。

坚持"人民至上，生命至上"，还需要科技的支撑。习近平总书记指出："科学技术

△ 2020 年 2 月 19 日，钟南山与国外专家就新冠肺炎应急攻关科研项目合作展开讨论

是人类同疾病斗争的锐利武器，人类战胜大灾大疫离不开科学发展和技术创新。"创新是引领发展的第一动力，科技是战胜困难的有力武器。新中国成立以来，我国医疗卫生事业不断发展，在科技创新的推动下，我国基础医学、临床医学、预防医学、中医药学各个方面都取得了众多举世瞩目的成就。正是这些成就，成为我们抗击疫情的最有力武器。现在，我们正发挥新型举国体制的优势，集中力量开展核心技术攻关。例如，我国疫苗的研发在国际上处在第一方阵。接下来，我们有信心在检测方法、临床救治、疫苗药物等方面通过自身努力以及开展国际合作，取得新进展。在未来，我们将继续依靠科技进步战胜困难、解决问题，为确保"人民至上，生命至上"提供强有力的科技支撑。

科技是国家强盛之基，创新是民族进步之魂。党的十八大以来，我国科技创新成绩斐然，一大批全球领先的科技成果不断涌现，为提高社会生产力和综合国力提供了强有力的战略支撑。

2013 年 6 月，"神舟十号"航天员聂海胜、张晓光和王亚平在成功完成交会对接后进入"天宫一号"。20 日，航天员王亚平进行了中国首次太空授课，6000 万名中小学生通过电视转播同步收看。2016 年 9 月 15 日，"天宫二号"空间实验室在"长征二号"火箭的托举下飞入太空，这是中国第一个真正意义上的太空实验室。2017 年 4 月 20 日，我国第一艘货运飞船"天舟一号"出征太空，至此，空间实验室阶段任务完美收官。2020 年 5 月 5 日，"长征五号"B 运载火箭在海南文昌首飞成功，正式拉开我国载人航天工程"第三步"建造空间站

△ "神舟十号"航天员王亚平
演示太空失重条件下的陀螺运动

△ 载有"天宫二号"的"长征二号"火箭发射

△"天舟一号"示意图

任务的序幕。

2013 年 12 月 2 日,"嫦娥三号"成功发射,12 月 14 日探测器安全着陆,实现了我国首次、世界第三次地外天体软着陆。2019 年 1 月 3 日,"嫦娥四号"探测器成功降落于月球背面的预选着陆区,实现了人类探测器首次月球背面软着陆和首次月背与地球的中继通信。2020 年 11 月 24 日,"嫦娥五号"在海南文昌发射场升空,23 天后的 12 月 17 日凌晨,"嫦娥五号"返回器携带月球

△"嫦娥三号"的"玉兔"月球车

271

△ "嫦娥五号" 探测器示意图

样品，成功返回地面。在"探月工程"屡创佳绩的同时，中国人探索的脚步迈向月球以远更深邃的太空。2016 年 1 月，习近平总书记批准首次火星探测任务工程立项。工程目标是通过一次发射任务，实现火星环绕探测、着陆、巡视探测，这是我国月球以远深空探测的首次任务。2020 年 7 月 23 日，"天问一号"探测器成功发射，开启了新时代我国深空探测新的征程。

△ 首次火星探测任务工程示意图

2014 年 4 月，"松科"2 井正式开钻，我国在"向地球深部进军"的道路上又迈出了坚实的一步。2018 年 5 月，"松科"2 井顺利完井，"地壳一号"万米钻机完钻井深 7018 米，刷新了我国大陆科学钻探的纪录。"松科"2 井成为我国最深的科学钻井，也是全球第一口钻穿白垩纪陆相地层的大陆科学钻探井。

△"地壳一号"万米钻机整机系统

2015 年 11 月 2 日，C919 大型客机首架机在中国商飞公司新建成的总装制造中心浦东基地总装下线。2017 年 5 月 5 日，C919 大型客机成功首飞。

△ C919 大型客机 101 架机

2017 年 6 月 26 日，我国具有完全自主知识产权，达到世界先进水平的"复兴号"中国标准动车组率先在京沪高铁正式双向首发，树立起世界高铁建设运营的新标杆。

△ "复兴号"中国标准动车组

2017 年 10 月 3 日，中国第二台深海载人潜水器"深海勇士号"在南海海试成功。"深海勇士号"国产化率达 95％，从研制立项到海试交付只用了 8 年。2020 年 11 月，我国全海深载人潜水器"奋斗者号"在马里亚纳海沟成功下潜达 10909 米，创造了中国载人深潜的新纪录。马里亚纳海沟最深处约 11000 米。

△ "深海勇士号"

△ "奋斗者号"

2017 年 11 月 27 日，世界首个体细胞克隆猴"中中"诞生，12 月 5 日，第二个体细胞克隆猴"华华"诞生。体细胞克隆猴的成功，以及未来基于体

△ 世界首个体细胞克隆猴"中中"和它的妹妹"华华"

细胞克隆猴的疾病模型的创建，将有效缩短药物研发周期，提高药物研发成功率，使我国率先发展出基于非人灵长类疾病动物模型的全新医药研发产业链。

2017 年，全球首颗量子科学实验卫星"墨子号"圆满完

△ 量子密钥分发示意图

成了三大科学实验任务——量子纠缠分发、量子密钥分发、量子隐形传态，为我国在未来继续引领世界量子通信技术发展奠定了坚实基础。2020年，量子计算原型机"九章"问世，实现"高斯玻色取样"任务的快速求解，使我国成为全球第二个实现"量子优越性"的国家。

2018年10月24日，港珠澳大桥公路及各口岸正式通车运营。港珠澳大桥的建成，形成了一条粤港澳三地人民期盼多年的连接珠江两岸的公路运输通道，将对完善国家和区域高速公路网络布局、密切珠江西岸地区与香港地区的经济社会联系、促进珠江两岸经济社会的协调发展发挥重大作用。

△ 港珠澳大桥

2020 年 7 月 31 日，"北斗三号"全球卫星导航系统正式开通，北斗导航系统向全球提供服务，中国北斗开始为世界导航。卫星导航系统是全球性公共资源，中国始终秉持和践行"中国的北斗，世界的北斗"的发展理念，积极推进北

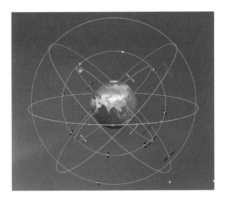

△ 北斗系统组网示意图

斗系统国际合作，让北斗系统更好地服务全球、造福人类。

△ 北斗应用示意图

第五章　百年梦圆

思想闪光

　　历经百年奋斗，中国共产党践行"为中国人民谋幸福，为中华民族谋复兴"的初心使命，率领中国人民开天辟地、勇创辉煌，迎来民族复兴大业中的一次次伟大胜利。中国共产党领导下的科技事业，是百年征程波澜壮阔历史画卷上浓墨重彩的篇章：革命烽火中的萌发与成长，建设风雨中的砥砺与突破，改革之春里的开拓与奋进，复兴征途上的勃发与跨越……一帧帧或荡气回肠、或深情隽永的历史画面，铭刻在民族的记忆中，历久弥新，永世其芳。

　　中国共产党孕育于近代"民主、科学"思潮与十月革命后马克思主义的思想启蒙，从她诞生的那一刻起，就高度重视科技问题。早期共产党人吸收现代科学及其科学思想的营养，并将其融入自己的世界观中。在1923—1924年"科学与人生观"的论战中，以共产党人为首的唯物史学派，不仅对科学派给予强有力的支持，而且通过这场论战，为马克思主义思想在中国的广泛传播进行了准备。

　　在新民主主义革命时期，中国共产党将科学视为"人们争取自由的一种武装"，党对科技问题的重视以及对科技工作的领导贯穿始终。中国革命史是一部党领导人民既改造社会，同时也改造自然的奋斗史，党领导下的科技实践活动是新民主主义革命伟大实践的重要组成部分。党在这一时期形成的科技思想、重视科学技术的光荣传统和开展科技实践活动的宝贵经验，为新中国科技事业的发展奠定了坚实的基础。

当新中国从战争的废墟中站立起来，面对民生凋敝、百废待兴的严峻局面，我们党从中国实际出发，提出了"人民科学观""向科学进军""重点发展，迎头赶上""百家争鸣，百花齐放""自力更生为主，争取外援为辅"等科技思想，并在这些思想的指导下，组织实施了一系列轰轰烈烈的科技实践活动，迎来新中国科技发展的一段黄金时期。

1978年全国科学大会的召开，让"科学的春天"降临祖国大地。在马克思、恩格斯提出的"科学技术是生产力"重要结论基础上，中国共产党立足中国国情，进一步提出"科学技术是第一生产力"。中国共产党在这一时期日趋成熟的科技思想，在"科教兴国""可持续发展""建设创新型国家"的发展阶段，得到进一步深化和发展。科学技术作为推动变革、创新的伟大力量，为改革开放这场中国的"第二次革命"提供了强有力的支撑。

进入新时代，以习近平同志为核心的党中央高瞻远瞩，崭新擘画，强调创新是引领发展的第一动力，是建设现代化经济体系的战略支撑，以建设世界科技强国为目标，对实施创新驱动发展战略做出顶层设计和系统部署，我国科技事业取得一系列实质性突破和标志性成果，实现历史性、整体性、格局性的重大变化，科技发展实现巨大跨越，站上新的历史方位。

我们党的历史，是一部不断推进马克思主义中国化的历史，是一部不断推进理论创新、进行理论创造的历史。在这种极富生命力的创新创造中，我们党的科技思想逐渐演变、发展，日臻成熟。在我国科技事业发展的每个关键历史节点，党中央都牢牢把握科技创新发展的正确方向，做出重大战略部署。我国科技事业的发展史，闪耀着我们党科技思想的伟大光芒。

精神永驻

一个民族的复兴需要强大的物质力量，更需要强大的精神力量。党的十八大以来，习近平总书记首先提出了"中国精神"的概念，并把它与中国梦紧密相连：

我们生而为中国人，最根本的是我们有中国人的独特精神世界，有百姓日用而不觉的价值观。

牢固的核心价值观，都有其固有的根本。抛弃传统、丢掉根本，就等于割断了自己的精神命脉。

不忘本来才能开辟未来，善于继承才能更好创新。

实现中国梦必须弘扬中国精神。这就是以爱国主义为核心的民族精神，以改革创新为核心的时代精神。这种精神是凝心聚力的兴国之魂、强国之魂。

红色基因，是中国共产党特有的革命精神。在百年奋斗历程中，革命精神代代相传，树立起中华民族伟大复兴的精神丰碑。我国科学家和科技工作者在干事创业中锻造升华的"两弹一星"精神、西迁精神、载人航天精神、抗疫精神等，成为我们党革命精神谱系的重要组成部分。

"科学成就离不开精神支撑。科学家精神是科技工作者在长期科学实践中积累的宝贵精神财富。"2019 年 5 月，中共中央办公厅、国务院办公厅印发《关于进一步弘扬科学家精神加强作风和学风建设的意见》，明确提出科学家精神的内涵：

胸怀祖国、服务人民的爱国精神

勇攀高峰、敢为人先的创新精神

追求真理、严谨治学的求实精神

淡泊名利、潜心研究的奉献精神

集智攻关、团结协作的协同精神

甘为人梯、奖掖后学的育人精神

爱国　近百年前，秉志写下"吾国科学家独不能继美前贤，将老大之民族，改为精壮之民族乎"，表达对民族复兴的深切渴望。抗战烽火中，茅以升亲手炸毁自己主持修建的钱塘江大桥，并立下"不复原桥不丈夫"的豪迈誓言。新中国成立伊始，朱光亚用"听吧，祖国在向我们召唤"向全美留学人员发出回国参加建设的公开倡议。在实现现代化的伟大事业中，李保国用踏遍青山的脚步践行"把最好的论文写在祖国的大地上"。

创新　习近平总书记在 2018 年两院院士大会上指出："创新从来都是九死一生，但我们必须有'亦余心之所善兮，虽九死其犹未悔'的豪情。"创新路上的艰难与豪迈，伴随着一代代中国科学家奋斗的身影。"科学的存在全靠它的新发现。"李四光在新中国成立不久召开的地质学会年会上，用一篇《地质工作者在科学战线上做了一些什么》来审视反思地质科研工作。半个世纪之后，在中国载人航天迭创佳绩、面临突破方向抉择的时刻，王永志用《每一步都是迈向更新的高度》勾画创新发展的崭新蓝图。

求实　"科学精神者何？求真理是已。"这是任鸿隽在1916 年发表的《科学精神论》中的文字，也是"科学精神"一词第一次出现在汉语中。在抗日战火中，竺可桢面对颠沛辗转抵达学校的大学新生，以《求是精神与牺牲精神》加以诫勉鞭策。在"文化大革命"那个特殊的年代，周培源公开发表反对"四人帮"教育政策的檄文《对综合大学理科教育革命的一些看法》，他秉持一个朴素的信念——科学家要讲真话！

奉献　当西迁人告别繁华的上海，举家迁至大西北时，他们说："哪里有事业，哪里就是家。"当我国第一代核潜艇总设计师黄旭华 30 余年不在父母身边，无法在床前尽孝时，他说："对国家的忠就是对父母最大的孝！""两弹一星"功勋科学家于敏在《艰辛的岁月，时代的使命》中写道："一个人的名字，早晚是要消失的。"干惊天动地事，做隐姓埋名人，这是我国科学家奉献精神的真实写照。

协同　协同攻关，体现了社会主义举国体制的巨大优越性。"两弹一星"、青蒿素抗疟药研制、载人航天、探月工程、北斗卫星导航系统……我国一项项里程碑式科技成就的取得，无一不是这一制度体制优越性的集中体现。"两弹一星"功勋科学家彭桓武在表达受勋感受时，挥毫写下对联："集体集体集集体，日新日新日日新。""共和国勋章"获得者钟南山在总结抗击新冠肺炎疫情伟大胜利时写道："发挥新型举国体制的优势……为确保'人民至上，生命至上'提供强有力的科技支撑。"

育人　一代代科学家在科研攻关的同时，仍不忘倾尽心力为国家的科技事业培养后备人才。1984年的一个晚上，"布衣院士"卢永根在华南农业大学红满堂草坪上给学生做了三个小时的报告《把青春献给社会主义祖国》。那晚的听众席上没有灯光，卢永根深情地说："我今天的发言，如果能像一束小火花一样，点燃你们心扉中的爱国主义火焰，并迸发出热情，去为振兴中华而奋斗，那是我所热切期待的。"20世纪60年代初从苏联留学归国的曾庆存，以一句"男儿若个真英俊，攀上珠峰踏北边"作为自己科研工作的座右铭。一甲子后，作为"国家最高科学技术奖"获得者的他，以"为国为民为科学"诠释科学家精神的内涵，激励青年科技工作者不畏艰险、勇攀高峰。

不忘来路才能更好前行，不忘为了什么出发才能走向更光辉的未来。我们站在"两个一百年"奋斗目标历史交汇点，回望党领导下的科技事业所走过的世纪之路，重读书写着一代代奋斗者故事的科学经典，走进中国科学家爱国、创新、求实、奉献、协同、育人的精神世界，穿越时空的文字感人至深，前行路上的足音催人奋进！

　　面对百年未有之大变局，今天的我们，当如百年前梦想起航时的先辈们那样，当如一代代砥砺前行、开拓创新的奋斗者那样，把人生理想融入中华民族伟大复兴的事业中。为中国人民谋幸福，为中华民族谋复兴。初心如磐，使命在肩，征途漫漫，惟有奋斗！

参 考 文 献

［1］樊洪业.《科学》杂志与科学精神的传播［J］. 科学（双月刊），2001，53（2）：30-33.

［2］樊洪业. 中国科学社与新文化运动［J］. 科学（季刊），1980，41（2）：83-86.

［3］伍光良. "科玄论战"与马克思主义［J］. 自然辩证法通讯，2015，37（4）：75-80.

［4］樊洪业. 中国科学社：科学救国运动的先锋队［J］. 科学（双月刊），2005，57（6）：6-9.

［5］邱若宏. 论民主革命时期中共科技实践活动的历史特点［J］. 山西师大学报（社会科学版），2014，41（1）：114-118.

［6］邱若宏. 论延安时期中国共产党的科技思想［J］. 武汉理工大学学报（社会科学版），2008，21（2）：201-205.

［7］武衡. 抗日战争时期解放区科学技术发展史资料（第1辑）［M］. 北京：中国学术出版社，1983.

［8］孟红. 毛泽东题词表彰边区工业标兵记事［J］. 中华魂，2011（6）：27-30.

［9］邱若宏. 中国共产党科技思想与实践研究：从建党时期到

新中国成立［M］．北京：人民出版社，2012．

［10］刘静，黄付敏．追忆新中国医学科学事业开拓者沈其震［J］．中国卫生人才，2019（7）：54-57．

［11］涂长望．中国科学工作者协会［J］．科学大众，1948，4（6）：256．

［12］韩晋芳．中国科学工作者协会溯源［J］．学会，2015（11）：21-27．

［13］俞丽君．从"向科学进军"到"建设创新型国家"：中国共产党科技思想演变的历史脉络［J］．学习月刊，2011（20）：29-30．

附录 百年撷英

1922 年，上海大学成立。邓中夏、瞿秋白等成为校务工作的实际主持者。

1923—1924 年，在"科学与人生观"论战中，以陈独秀、瞿秋白、邓中夏为首的唯物史学派，对科学派给予了强有力的支持，并为马克思主义思想在中国的广泛传播奠定了基础。

1925 年，上海交通大学成立中共党支部和共青团支部。

1926 年，农民运动讲习所的课程除政治、农运、军事外，还纳入农业常识、统计学等课程。

1927 年，井冈山革命根据地最早的医院、兵工厂先后设立。党领导下的医疗、军工、电信事业相继起步。

1928 年，党的六大通过《土地问题决议案》，规定"国家帮助农业经济"，具体措施包括：办理土地工程、改良扩充水利、防御天灾等。

1929 年，我党第一部、第二部电台相继建立。1930 年，中共北方局电台建立，我党电信网络初步形成。

1921 至 1930

抗日战争时期，中国共产党领导开展了蓬勃的科技实践活动，创建了比较完备的人民科技事业体系，为新中国的科技事业发展积累了经验。

科技组织的建立及其活动： 建立延安自然科学院、中国医科大学等高等科技教育机构，延安农业学校、晋察冀边区白求恩卫生学校等中等科技学校。建立陕甘宁边区自然科学研究会等科技社团，开展科学大众化运动、科学考察与资源调查活动。

农业科技的试验与应用： 组织兴修水利、改良农具，选育推广优良作物品种，防治病虫害，重视林业技术的试验和运用，推广畜牧兽医技术。

工业及军工业的发展： 重视对轻工业生产技术、日用化工技术、重工业技术的发展，仅陕甘宁边区 1938—1945 年就创办了各类工厂近百个。军工业得到很大发展，规模增大，技术力量加强，物质条件极大改善。

医药卫生科技的提升与发展： 开展卫生防疫运动和医药卫生知识传播，重视医疗卫生技术的应用与提高，推进中西药物的研究与试制。

抗日战争时期

附录　百年撷英

解放战争时期，中国共产党领导的科技实践活动取得更为系统、稳定的发展，各解放区科技水平迅速提高，科学技术的运用推广与国有化、集体化运动紧密结合。

农业科技工作：各解放区普遍建立农事实验厂、农业研究所等机构，全面开展农业技术研究和推广，在农作物品种选育、新式农具推广、病虫害防治、牲畜疫病防治等领域取得较大成绩。

工业及军工科技工作：各解放区陆续成立工业技术研究机构、制订研究发展计划，工业生产得到进一步发展。军工业生产逐步由分散转向集中，生产手段转为以机器生产为主，生产内容转为以制造为主，逐步走向工业化生产道路。

医药卫生科技事业：各解放区纷纷创建制药工厂，生产能力逐步发展到能够制造原料药和特效药，自制的外科器械、玻璃仪器质量大幅提高。

解放战争时期

1949 年 11 月，中国科学院建立。

1953 年，我国第一座自动化炼铁炉在鞍山钢铁公司出铁，第一根无缝钢管在鞍山无缝钢管厂实轧成功。

1954 年，钱学森的《工程控制论》出版，学术上达到当时国际领先水平，在自动化、无线电电子学、航天技术及系统工程等专业领域得到广泛应用。

1955 年 6 月，中国科学院学部成立。

附录 百年撷英

1949 至 1955

向科学进军

1956 年，中央发出"向科学进军"的号召，《1956—1967 年科学技术发展远景规划纲要》开始实施。

1958 年，中国科学技术协会成立。

1958 年，华罗庚的《多复变数函数论中的典型域的调和分析》出版。

20 世纪 50 年代，李四光、黄汲清、谢家荣等的地质理论研究取得重大成果，在中国油田、煤矿、铜矿、油气区的发现和建设中发挥了指导作用。

1959 年，我国第一批脊髓灰质炎减毒活疫苗诞生。

1960 年，我国连续 3 次试射导弹成功。

1961 年，我国第一台 12000 吨自由锻造水压机研制成功。

1963 年，我国成功完成世界医学史上首例断肢再植手术。

1964 年 10 月 16 日，我国成功试爆第一颗原子弹。

1965 年 9 月，我国成功实现人工合成牛胰岛素。

1964 年，我国研制成功大型通用计算机——119 机。

1966 年，陈景润初步证明了哥德巴赫猜想，袁隆平发表重要论文《水稻的雄性不孕性》。

1967 年 6 月 17 日，我国试验成功第一颗氢弹。

1956 至 1967

1970 年 12 月 26 日，我国第一艘核潜艇胜利下水。

1970 年 4 月 24 日，我国第一颗人造地球卫星"东方红一号"成功发射。

1972 年，竺可桢发表重要论文《中国近五千年来气候变迁的初步研究》。

1971 年，我国成功提取青蒿素。青蒿素成为我国第一个被世界认可的自主创新开发的新药。

1977 年，我国开始推广马传贫弱毒疫苗，完全控制了我国马传贫的流行。

1973 年，华罗庚和王元证明了用分圆域的独立单位系构造单位立方体上一致分布伪随机数的方法。由此得到的计算多重积分的近似方法，被国际数学界称为"华 – 王方法"。

20 世纪 70 年代后期，吴文俊为拓扑学引入了重要的示性类，创立和发展了几何定理的机器证明方法和用机器求解方程的方法。

附录　百年撷英

1968 至 1977

科学技术是第一生产力

1978 年，全国科学大会召开，重申"科学技术是生产力"。之后，这一思想进一步深化为"科学技术是第一生产力"。

1978 年，蕨类植物学家秦仁昌在《植物分类学报》第 16 卷发表《中国蕨类植物科属的系统排列和历史来源》，建立了中国蕨类植物分类的新系统。

1978 年 9 月，北京动物园采用人工授精技术在世界上首次成功地繁殖出大熊猫幼崽。

1978

1979 年 7 月，第一张采用汉字激光照排系统输出的报纸样张《汉字信息处理》问世。

1979 年 8 月，中国科学院大气物理研究所在北京建成的高达 325 米的气象铁塔正式投入使用。

1979 年 9 月，中国第一条光导纤维通信线路——上海光纤电话线并入上海市内电话网并开始使用。

1979

1980年，中国科学院大气物理研究所与北京大学地球物理系、中央气象台合作成立了联合数值预报室，将东亚大气环流研究的一系列成果发展成中国天气预报的业务模式。

1980年5月，"向阳红五号"海洋科学调查船赴太平洋执行任务，研究厄尔尼诺现象，为我国海洋事业、国防建设和国际海洋合作做出贡献。

1980年9月，我国自主研制的第一架干线客机"运10"飞机首飞成功。

1980

1981 年 9 月，我国首次使用一枚大型火箭将三颗不同用途的卫星送入地球轨道，成功地实现了"一箭多星"的壮举。

1981 年 11 月，我国在世界上首次合成核酸——酵母丙氨酸转移核糖核酸（tRNA$_y^{Ala}$）。

附录　百年撷英

1981

1982年,"科技攻关"计划设立。之后我国陆续设立了"星火""863""火炬""973"等计划,国家科技计划体系不断完善。

1982 年 12 月,中国科学院上海有机化学研究所经过大量试验,完成天然青蒿素的人工合成。

1982 年 12 月,建在中国科学院高能物理研究所的中国第一台质子直线加速器,首次引出能量为 1000 万电子伏特的质子束流。

1982

1983 年，中国数学家陆家羲在国际上发表关于不相交斯坦纳三元系大集的系列论文，解决了组合设计理论研究中多年未被解决的难题。

中国科学院上海硅酸盐研究所 1982 年开始进行 BGO 晶体研究，1983 年年初在实验室研制出大尺寸 BGO 晶体，并确定了生产技术路线和方法。

1983 年 12 月，中国第一台每秒运算 1 亿次以上的巨型计算机——"银河 I"型研制成功。

1983 年，中国数理逻辑学家和计算机科学家唐稚松提出了世界上第一个可执行时序逻辑语言—— XYZ 语言。

附录 百年撷英

1983

1984年3月，我国学者旭日干与日本学者合作，培育出世界上第一胎试管山羊。

1984年4月，我国第一颗静止轨道试验通信卫星——"东方红二号"发射成功。

1984年，冯康在北京微分几何与微分方程国际会议上首次系统提出了哈密尔顿系统的辛几何算法。

国家南极考察委员会决定向南极洲派出科学考察队，考察队于1984年12月26日到达南极。

1984

1985 年 2 月，中国第一个南极考察站——中国南极长城站落成。

1985 年 11 月，南京地质古生物研究所侯先光等在中国《古生物学报》上发表论文，将其在澄江帽天山页岩系中发掘出的纳罗虫动物化石群命名为"澄江动物群"。距今 5.3 亿年的澄江动物群的发现，成为寒武纪大爆发的最有力证据。

1985 年 7 月，大功率长波授时台发播长波授时信号，填补了中国在原子授时领域的空白。

1985

1986 年，由艾国祥院士主持研制的北京天文台太阳磁场望远镜建成。

1986 年，上海瑞金医院王振义教授完成世界公认的诱导分化理论治愈癌细胞的第一个成功案例。

1986 年 10 月，国家种质库在中国农业科学院作物品种资源研究所落成。

1986 年 12 月，中国首个国家重点实验室——中国科学院上海分子生物学实验室通过评审验收。

1986 年 12 月，中国科学院物理研究所的赵忠贤教授及他的研究小组发现起始转变温度为 48.6 开尔文的锶镧铜氧化物超导体。

1986

1987 年 6 月，上海光学精密机械研究所研制的"神光Ⅰ"高功率激光装置通过国家鉴定，该装置是当时中国规模最大的高功率激光装置。

1987 年 11 月，1.56 米天体测量望远镜和 25 米射电望远镜，在上海天文台建成并开始试运转。

附录　百年撷英

1987

1988 年 5 月，中国科学院遗传研究所第一次实现人类基因在植物中的表达。

1988 年 10 月，由中国科学院高能物理研究所建造的北京正负电子对撞机（BEPC）首次实现正负电子对撞，宣告建造成功。

1988 年 10 月，中国内地第一条高速公路——沪嘉高速公路全线通车。

1988 年 12 月，我国自行设计和制造的兰州重离子加速器（HLRFL）在中国科学院兰州近代物理研究所建成出束，标志着中国回旋加速器技术进入世界先进行列。

1988

中国科学院化学研究所研制成功丙纶级聚丙烯树脂，该项目获 1989 年国家科学技术进步奖一等奖。

1989 年 4 月，中国第一个专用同步辐射光源——合肥同步辐射装置在中国科学技术大学建成出光。

1989 年 5 月，中国科学院高能物理研究所研制的中国第一台 35 兆电子伏特质子直线加速器通过专家鉴定。

1989 年 7 月，我国第一艘自行设计、建造的浮式生产储油船——"渤海友谊号"交付使用。

附录 百年撷英

1989

1990 年，中国科学院上海技术物理研究所为"风云一号"气象卫星研制的甚高分辨率扫描辐射计获得成功。首颗载有十波段扫描辐射计的"风云一号"C 星于 1999 年 5 月 10 日发射。

1991 年 11 月，我国第一台拥有完全自主知识产权的大型数字程控交换机——HJD04 机在邮电部洛阳电话设备厂诞生。

1991 年 12 月，中国第一座自行设计、建设的核电站——秦山核电站首次并网发电。

1991

附录　百年撷英

1992 年，中国科学院近代物理研究所在世界上首次合成了汞-208 和铪-185 两种新核素，与中国科学院上海原子核研究所合成的铂-202 一起，实现了我国在新核素合成和研究领域"零的突破"。

1992 年，我国研制成功对治疗甲肝和丙肝有特殊疗效的合成人工干扰素等一批基因工程药物。

1992

1993 年，我国颁布《中华人民共和国科学技术进步法》。之后陆续颁布《中华人民共和国促进科技成果转化法》《中华人民共和国科学技术普及法》等，我国科技立法进程提速。

1993 年 5 月 26 日，由中国科学院高能物理研究所、原子能科学研究院、上海光学精密机械研究所和上海原子核研究所等承担的国家"863"高技术项目"北京自由电子激光装置"成功实现红外自由电子激光受激振荡，并于 12 月 28 日凌晨顺利实现饱和振荡。

1993 年 9 月 29 日，由北京航空航天大学研制成功的中国第一架无人驾驶直升机——"海鸥号"直升机首飞成功。

1993 年 10 月，中国科学院学部委员改称为中国科学院院士。1994 年 6 月，中国工程院成立。至此，我国两院院士制度正式建立。

1993

1994 年 4 月，我国向世界公布了雅鲁藏布大峡谷的平均深度为 5000 米、最深处达 5382 米、谷底宽度仅 80 ~ 200 米、长度为 496300 米这一重大发现。

1994 年 5 月，大亚湾核电站全面建成并投入商业运营，这是我国内地第一座百万千瓦级大型商用核电站，是继秦山核电站后建成的第二座核电站。

1994 年 12 月，中国第一台潜深 1000 米的无缆水下机器人"探索者号"由中国科学院沈阳自动化研究所等单位研制成功。

1994 年 12 月，我国第一架自行研制、拥有自主知识产权的"直 11"型直升机成功实现首飞。

1994

科教兴国

1995 年 5 月 6 日，中共中央、国务院发布《关于加速科学技术进步的决定》，提出实施科教兴国战略。这是全面落实"科学技术是第一生产力"思想的重大决策，对我国科学技术的发展产生了深远影响。

1995 年 5 月，由中国科学院计算技术研究所研制的"曙光 1000"大规模并行计算机系统通过国家级鉴定。

1995 年 11 月，中国农业科学院植物保护研究所国家重点实验室和山东大学生物系联合培育成功世界上第一株抗大麦矮病毒的转基因小麦品种。

附录 百年撷英

1995

1996 年 6 月，中国科学院国家基因研究中心在世界上首次成功构建了高分辨率的水稻基因组物理图。

1996 年 8 月，中国科学院近代物理研究所和高能物理研究所合作，在世界上第一次合成并鉴别出新核素镅–235。

1996 年，南京大学闵乃本院士领导的课题组研制出能同时出两种颜色激光的准周期介电体超晶格，成功验证了多重准相位匹配理论。

1996

1997 年 6 月，"银河 Ⅲ" 百亿次计算机研制成功。

1997 年 6 月，"风云二号" 气象卫星（A 星）发射成功。

1997 年 9 月，中美希夏邦马峰冰芯科学考察队在海拔 7000 米的达索普冰川上成功钻取了总计 480 米长、重 5 吨的冰芯。

1997 年，中国科学院沈阳自动化研究所等单位研制的 6000 米无缆自治水下机器人完成太平洋洋底调查任务。

1997

附录 百年撷英

317

1998 年 7 月，中国科学院物理研究所成功制备出长达 2 ~ 3 毫米的超长定向碳纳米管列阵，并可以利用常规试验手段测试碳纳米管的物理特性。

1998 年 7 月，北京有色金属研究总院、西北有色金属研究院、中国科学院电工研究所参与研制的我国第一根铋系高温超导输电电缆获得成功，推进了我国高温超导技术的实用化进程。

中国科学院南京地质古生物研究所孙革及他的研究组在我国辽宁北票地区发现了迄今为止世界上最早的被子植物化石——辽宁古果。这一发现被发表在 1998 年 11 月的《科学》杂志上。

1998

1999 年 2 月，上海医学遗传研究所在上海市奉新动物试验场成功培育出我国第一头转基因试管牛。

1999 年 7—9 月，中国首次北极科学考察活动圆满完成三大科学目标预定的现场科学考察计划任务。

1999 年 11 月 20 日，中国第一艘载人航天试验飞船"神舟一号"在酒泉卫星发射中心升空。这是中国载人航天工程的第一次飞行试验。

1999

2000 年 10 月，我国自行研制的第一颗北斗导航卫星发射成功。

2000 年，袁隆平院士及他的研究小组研制的超级杂交稻达到农业部制定的超级稻育种的第一期目标——连续两年在同一生态地区的多个百亩片实现亩产 700 公斤。

2000 年，由国家并行计算机工程技术研究中心牵头研制成功大规模并行计算机系统"神威Ⅰ"，其主要技术指标和性能达到国际先进水平。

2000

2001 年 1 月，我国自行研制的 "神舟二号" 无人飞船发射成功，标志着我国载人航天事业取得新进展，向实现载人飞行迈出重要的一步。

2001 年，曙光公司研发成功峰值运算速度达 4032 亿次每秒的 "曙光 3000" 超级并行计算机系统，标志着我国高性能计算机技术和产品走向成熟。

2001 年 2 月，吴文俊、袁隆平获得 2000 年度 "国家最高科学技术奖"。这是我国首次颁发 "国家最高科学技术奖"。

2001 年 8 月，被誉为 "生命登月" 的国际 "人类基因组计划" 的 "中国卷" 宣告完成。

2001 年 10 月，我国首次独立完成水稻基因组 "工作框架图" 和数据库。

2001 年 11 月，中国科学院近代物理研究所的科研人员在新核素合成和研究方面取得新的重要突破，首次合成超重新核素钅+-259，使我国的新核素合成和研究跨入超重核区的大门。

2001

2002年2月，国家重大科研项目——"中国第三代移动通信系统研究开发项目"正式通过专家组验收。

2002年3月，"神舟三号"飞船发射成功。

2002年4月，由中国科学院、中国工程物理研究院研制，建在中国科学院上海光学精密机械研究所的"神光Ⅱ"巨型激光器研制成功。

2002年5月，我国在内蒙古苏里格发现首个世界级大气田，探明储量约6000亿立方米。

2002年9月，我国首枚高性能通用微处理芯片——"龙芯1号"CPU研制成功。

2002年11月，长江三峡水利枢纽工程导流明渠截流成功。

2002年12月，"神舟四号"飞船发射成功。

2002

2003 年 1 月，上海建成世界上第一条商业化运营的磁浮列车示范线并运行成功。

2003 年 3 月，中国科学院计算技术研究所国家智能计算机研究开发中心联合曙光公司共同推出"曙光4000L"超级服务器，标志着百万亿数据处理超级服务器研制成功。"曙光 4000A"超级服务器在 2004 年 6 月 22 日公布的全球超级计算机 500 强榜单中位列第 10。

2003 年 3 月，中国科学院等离子体物理研究所 HT-7 超导托卡马克实验获得重大突破。

2003 年 6 月，三峡工程坝前水位正式达到 135 米，"高峡出平湖"的百年梦想变成现实。

2003 年 10 月，我国第一艘载人飞船——"神舟五号"发射成功。

附录 百年撷英

2003

2004 年 1 月，我国首次研制成功高精度水下定位导航系统。

2004 年 7 月，"探测二号"卫星发射成功，"地球空间双星探测计划"得以真正实现。

2004 年 5 月，我国第一座自主设计、自主建造、自主管理、自主运营的大型商用核电站——秦山二期核电站全面建成投产。

2004 年 12 月，由国家发改委等八部委共同推进的我国第一个下一代互联网主干网 CERNET2 正式开通。

2004

2005 年 1 月，中国南极内陆冰盖昆仑科学考察队登上南极内陆冰盖的最高点。

2005 年 4 月，中国大陆科学钻探工程"科钻 1 井"胜利竣工，在江苏省东海县毛北村成功深入地下 5158 米，并在此基础上取得一系列科研成果，这标志着我国"入地"计划获得重大突破。

2005 年 4 月，中国科学院计算技术研究所研制的我国首款 64 位高性能通用CPU芯片——"龙芯 2 号"问世。

2005 年 10 月，世界上海拔最高、线路最长的高原冻土铁路——青藏铁路全线铺通。

2005 年 10 月，"神舟六号"载人航天飞行圆满完成。

2005

附录 百年撷英

2006 年 1 月，"大洋一号"海洋科学考察船经过 297 天的航行，完成了中国首次环球大洋科学考察各项任务。

2006 年 4 月，我国在太原卫星发射中心用"长征四号"乙运载火箭，成功将"遥感卫星一号"送入预定轨道。

2006 年，中国科学技术大学潘建伟教授领导的研究小组在国际上首次成功实现两粒子复合系统量子态的隐形传输。

2006 年 9 月，由中国科学院等离子体物理研究所牵头，我国自主设计、自主建造的世界上第一个全超导非圆截面托卡马克核聚变实验装置首次成功完成放电实验。

2006 年 11 月，北京正负电子对撞机重大改造工程第二阶段建设任务基本达到目标。

2006

2007 年 10 月，党的十七大明确提出，提高自主创新能力，建设创新型国家。这是国家发展战略的核心，是提高综合国力的关键。

2007 年 4 月，中国首个野生生物种质资源库——中国西南野生生物种质资源库建成。

2007 年 4 月,《自然》杂志刊登以中国科学院南京地质古生物研究所古生物专家为主要成员的中美古生物专家小组的成果，该小组发现了距今 6.32 亿年的动物休眠卵化石。

2007 年 9 月，我国首架拥有自主知识产权的新支线飞机 ARJ21 完成总装。

2007 年 11 月，我国首台拥有自主知识产权的 12000 米特深井石油钻机研制成功。

2007 年 10 月，我国首颗月球探测卫星——"嫦娥一号"卫星成功发射，11 月 26 日成功传回第一张月面图片，首次月球探测工程取得圆满成功。

2007 年 12 月，中国科学技术大学与中国科学院计算技术研究所合作研制，采用"龙芯 2 号"芯片的国产万亿次高性能计算机通过国家鉴定。

2007

建设创新型国家

附录　百年撷英

327

2008 年 8 月，北京至天津城际高速铁路正式开通运营。

2008 年 9 月 25 日，"神舟七号"载人飞船发射成功，中国迈出太空行走第一步。

2008 年 11 月，我国曙光公司研制生产的高性能计算机"曙光 5000A"，以峰值速度 230 万亿次每秒的成绩再次跻身世界超级计算机前 10。

2008 年 12 月，中国下一代互联网示范工程（CNGI）项目历经五年建成世界规模最大的下一代互联网。

2008 年 7 月，北京正负电子对撞机重大改造工程取得重要进展——加速器与北京谱仪联合调试对撞成功，并观察到正负电子对撞产生的物理事例。

2008 年 10 月，国家重大科学工程——大天区面积多目标光纤光谱天文望远镜（LAMOST）在国家天文台兴隆观测基地落成。

2008 年 11 月，中国首架拥有完全自主知识产权的新支线飞机 ARJ21 "翔凤"在上海首飞成功。

2008

2009年，国家重大科技基础设施上海同步辐射光源建成，主要性能指标达到世界一流水平。

2009年1月，我国在南极内陆冰盖的最高点冰穹A地区建成南极昆仑站。

2009年9月，我国甲型H1N1流感疫苗全球首次获批生产。

2009年7月，中国科学院动物研究所周琪研究组等在世界上第一次获得完全由iPS细胞制备的活体小鼠，证明了iPS细胞的全能性。

2009年10月，中国科学院上海硅酸盐研究所通过和上海市电力公司合作，成功研制拥有自主知识产权的容量为650安时的钠硫储能单体电池。

2009年10月，我国首台千亿次超级计算机系统"天河一号"研制成功，2009年11月在全球超级计算机500强榜单上排名全球第五、亚洲第一。

2009

附录 百年撷英

2010 年 6 月，中国科学技术大学和清华大学组成的联合小组成功实现 16 公里世界上最远距离的量子态隐形传输，比此前的世界纪录提高了 20 多倍。

2010 年 8 月，我国第一台自行设计、自主集成研制的"蛟龙号"深海载人潜水器的最大下潜深度达到 3759 米。

2010 年 7 月，中国原子能科学研究院自主研发的中国第一座快中子反应堆——中国实验快堆实现首次临界。

2010 年 10 月，"嫦娥二号"卫星在西昌卫星发射中心成功升空，探月工程二期揭幕。

2010 年 11 月，国防科学技术大学研制的"天河一号"超级计算机在全球超级计算机 500 强榜单中登顶，成为全球最快超级计算机。

2010 年 11 月，京沪高速铁路全线铺通。

2010

2011 年 4 月，由中国科学院电工研究所承担研制的中国首座超导变电站在甘肃省白银市正式投入电网运行。

2011 年 5 月，"海洋石油 981" 3000 米超深水半潜式钻井平台在上海命名交付。

2011 年 7 月，我国第一个由快中子引起核裂变反应的中国实验快堆成功实现并网发电。

2011 年 9 月，袁隆平院士指导的超级稻第三期目标亩产 900 公斤高产攻关获得成功，中国杂交水稻超高产研究保持世界领先地位。

2011 年 11 月，"神舟八号"飞船与"天宫一号"目标飞行器在太空成功实现首次交会对接。

2011 年，"深部探测技术与实验研究专项"集中了国内 118 个机构、1000 多位科学家和技术专家联合攻关，取得一系列重大发现。

2011 年，复旦大学脑科学研究院马兰研究团队发现一种在体内广泛存在的蛋白激酶 GRK5，在神经发育和可塑性中有关键作用。

2011 年 11 月，华中科技大学史玉升科研团队研制成功世界最大的激光快速制造装备。

2011

创新驱动发展

2012 年，党的十八大明确提出，科技创新是提高社会生产力和综合国力的战略支撑，必须摆在国家发展全局的核心位置。2016 年,《国家创新驱动发展战略纲要》发布。

"特高压交流输电关键技术、成套设备及工程应用"项目获 2012 年国家科学技术进步奖特等奖。

2012 年 2 月，我国发布"嫦娥二号"月球探测器获得的 7 米分辨率全月球影像图。

2012 年 3 月，大亚湾反应堆中微子实验国际合作组宣布发现中微子新的振荡模式，并测得其振荡振幅，精度世界最高。

2012 年 6 月，"神舟九号"载人飞船返回舱顺利着陆，"天宫一号"目标飞行器与"神舟九号"载人交会对接任务获得圆满成功。

2012 年 6 月，"蛟龙号"深海载人潜水器成功在 7020 米深海底坐底，再创我国载人深潜新纪录。

2012 年 10 月，总体性能名列全球第四、亚洲第一的上海 65 米射电望远镜在中国科学院上海天文台松江佘山基地落成。

2012 年 12 月，世界首条高寒地区高速铁路——哈（尔滨）大（连）客运专线正式开通运营。

2012 年 12 月，北斗卫星导航系统正式向我国及亚太地区提供区域服务，服务区内系统性能与国外同类系统相当，达到同期国际先进水平。

2012

2013 年 4 月，清华大学薛其坤团队成功观测到量子反常霍尔效应。

2013 年 6 月，"神舟十号"飞船实现我国首次载人航天应用性飞行，实施了我国首次航天器绕飞交会试验，这标志着"神舟"飞船与"天宫一号"目标飞行器的对接技术已经成熟，我国进入空间站建设阶段。

2013 年 6 月，中国国防科学技术大学研制的"天河二号"超级计算机以 33.86 千万亿次每秒的浮点运算速度成为全球最快的超级计算机，比第二名快近一倍。

2013 年 8 月，复旦大学微电子学院张卫团队研发出世界第一个半浮栅晶体管（SFGT），我国在微电子器件领域首次领跑世界。

2013 年，中国科学家在国际上首次发现热休克蛋白 90α 是一个全新的肿瘤标志物。

2013 年 12 月，"嫦娥三号"探测器携带的"玉兔"月球车在月球开始工作，标志着中国首次地外天体软着陆成功。

2013 年 10 月，浙江大学传染病诊治国家重点实验室李兰娟院士团队成功研制人感染 H7N9 禽流感病毒疫苗种子株。

2013

2014年4月，"海马号"无人遥控潜水器系统实现最大下潜深度4502米。

2014年7月，世界第三大水电站、中国第二大水电站溪洛渡电站，中国第三大水电站向家坝电站机组全面投产发电。

2014年6月，清华大学医学院颜宁研究组在世界上首次解析了人源葡萄糖转运蛋白GLUT1的晶体结构。

2014年7月，清华大学生命科学学院施一公研究组在世界上首次揭示了与阿尔茨海默病发病直接相关的人源γ分泌酶复合物。

2014年10月，由袁隆平院士团队牵头的"超高产水稻分子育种与品种创制"取得重大突破，首次实现了超级稻百亩片亩产过千公斤的目标。

2014年11月，再入返回飞行试验返回器在内蒙古自治区四子王旗预定区域顺利着陆，中国探月工程三期再入返回飞行试验获得圆满成功。

2014年12月，"南水北调"中线一期工程正式通水。

2014

2015 年 3 月，北斗系统全球组网首颗卫星在西昌发射成功，标志着我国北斗卫星导航系统由区域运行向全球拓展的启动。

2015 年 3 月，由中国科学技术大学潘建伟、陆朝阳等组成的研究小组在国际上首次成功实现多自由度量子体系的隐形传态，成果以封面标题的形式发表于《自然》杂志。

2015 年 7 月，中国科学院物理研究所方忠研究员带领的团队首次在实验中发现外尔费米子。

2015 年 10 月，屠呦呦获得诺贝尔生理学或医学奖。这是中国本土科学家首次获得诺贝尔奖。

2015 年 9 月，我国新型运载火箭"长征六号"在太原卫星发射中心点火发射，成功将 20 颗微小卫星送入太空。

2015 年 11 月，C919 大型客机首架机在中国商用飞机有限责任公司新建成的总装制造中心浦东基地总装下线。

2015

附录　百年撷英

2016 年 6 月，中国科学院自动化研究所蒋田仔团队联合国内外其他团队成功绘制出全新的人类脑图谱，在国际学术期刊《大脑皮层》上在线发表。

2016 年 6—8 月，"探索一号"科学考察船在马里亚纳海沟挑战者深渊开展我国首次综合性万米深渊科学考察。

2016 年 11 月，新一代运载火箭"长征五号"首次发射成功，标志着我国运载能力已进入国际先进行列。

2016 年 3 月，中国科学院上海光学精密机械研究所利用超强超短激光，成功产生反物质——超快正电子源。

2016 年 6 月，"神威·太湖之光"超级计算机系统登顶全球超级计算机 500 强榜单。

2016 年 9 月，500 米口径球面射电望远镜（FAST）在贵州省平塘县的喀斯特洼坑中落成。

2016 年 11 月，"天宫二号"空间实验室与"神舟十一号"飞船载人飞行任务取得圆满成功。

2016

2017 年 1 月，我国研制的世界首颗量子科学实验卫星"墨子号"完成四个月的在轨测试，正式交付使用。

2017 年 5 月，潘建伟科研团队宣布光量子计算机成功构建。

2017 年 5 月，国产大型客机 C919 在上海浦东国际机场首飞。

2017 年 5 月，我国首次海域可燃冰试采成功。

2017 年 6 月，中国科学院物理研究所科研团队首次发现突破传统分类的新型费米子——三重简并费米子。

2017 年 7 月，港珠澳大桥主体工程实现贯通。

2017 年 7 月，全超导托卡马克核聚变实验装置东方超环实现稳定的 101.2 秒稳态长脉冲高约束等离子体运行，创造了新的世界纪录。

2017 年 9 月，"复兴号"动车组在京沪高铁实现时速 350 公里商业运营，树立起世界高铁建设运营的新标杆。

2017 年 11 月，中国暗物质粒子探测卫星"悟空"的首批探测成果在《自然》杂志刊发。

2017

附录 百年撷英

2018年，中国科学院武汉国家生物安全四级实验室成为中国首个正式投入运行的P4实验室。

2018年1月25日，克隆猴"中中"和"华华"登上《细胞》杂志封面，我国科学家成功突破了现有技术无法克隆灵长类动物的世界难题。

2018年5月17日，我国新一代"E级超算""天河三号"原型机首次亮相。

2018年，北京大学和中国科学院联合研究团队首次获得水合离子的原子级图像。

2018年，中国科学院物理研究所、中国科学院大学联合研究团队首次在铁基超导体中观察到了马约拉纳零能模，即马约拉纳任意子。

2018年，中国科学院分子植物科学卓越创新中心在国际上首次人工创建了单条染色体的真核细胞，是继原核细菌"人造生命"之后的一个重大突破。

2018年，我国水稻分子设计育种取得新进展，"中科804"在产量、抗稻瘟病、抗倒伏等农艺性状方面表现突出。

2018年，华中科技大学研究团队历经30年艰辛工作，测出国际上最精准的万有引力常数G值。

2018年10月24日，港珠澳大桥正式通车运营。

2018年，国产大型水陆两栖飞机"鲲龙"AG600成功实现水上首飞起降。

2018

2019 年，由东方电气集团东方电机有限公司研发制造的世界首台百万千瓦水电机组核心部件完工交付。

2019 年，"嫦娥四号"实现人类探测器首次月背软着陆。

2019 年，中国科学院植物研究所发现自然界"奇葩"光合物种硅藻捕光新机制。

2019 年，来自中国科学院物理研究所、南京大学和美国普林斯顿大学的三个研究组分别在《自然》杂志发布研究成果表明，自然界中约 24% 的材料可能具有拓扑结构。

2019 年，中国自主研发临床全数字 PET/CT 装备获准进入市场。

2019 年，中国科学技术大学与南方科技大学团队合作，首次观测到三维量子霍尔效应。

2019 年，中国科学家研制成功面向人工通用智能的新型类脑计算芯片"天机芯"。

2019 年，中国首颗空间引力波探测技术实验卫星"太极一号"在轨测试成功。

2019 年，中国科学家联合境内外研究人员在《自然》杂志上发表文章称，发现 16 万年前丹尼索瓦人下颌骨化石。

2019 年，中国科学院国家天文台研究团队发现迄今最大恒星级黑洞。

2019

2020 年，山东农业大学研究团队首次克隆出抗赤霉病主效基因，找到小麦"癌症"克星。

2020 年，我国无人潜水器"海斗一号"和载人潜水器"奋斗者号"相继创造深潜新纪录。

2020 年，量子计算原型机"九章"实现"高斯玻色取样"任务的快速求解。

2020 年，我国新一代可控核聚变研究装置"中国环流器二号 M"在成都正式建成放电。

2020 年，凭借机器学习模拟上亿原子研究成果，中美团队获 2020 年高性能计算应用领域最高奖项——戈登贝尔奖。

2020 年，我国率先实现水平井钻采深海可燃冰。

2020 年，北斗全球系统星座部署完成。

2020 年，"嫦娥五号"探测器完成我国首次地外天体采样任务。

2020 年，南京大学研究团队重现地球 3 亿多年生物多样性变化历史。

2020 年，中国科学技术大学研究团队率先攻克 20 余年悬而未决的几何难题——"哈密尔顿 – 田"猜想和"偏零阶估计"猜想。

2020

图书在版编目（CIP）数据

见证百年的科学经典 / 中国科学技术协会组编 . —北京：
中国科学技术出版社，2021.6（2023.11 重印）

ISBN 978-7-5046-8994-8

Ⅰ. ①见… Ⅱ. ①中… Ⅲ. ①科学技术—著作—介绍—
中国 Ⅳ. ① N092

中国版本图书馆 CIP 数据核字（2021）第 055347 号

策划编辑	秦德继 郑洪炜	
责任编辑	郑洪炜 宗泳杉	
装帧设计	中文天地	
责任校对	吕传新 邓雪梅 张晓莉	
责任印制	马宇晨	

出 版	中国科学技术出版社	
发 行	中国科学技术出版社有限公司发行部	
地 址	北京市海淀区中关村南大街16号	
邮 编	100081	
发行电话	010-62173865	
传 真	010-62173081	
网 址	http://www.cspbooks.com.cn	

开 本	710mm×1000mm 1/16	
字 数	240千字	
印 张	22.5	
版 次	2021年6月第1版	
印 次	2023年11月第2次印刷	
印 刷	北京中科印刷有限公司	
书 号	ISBN 978-7-5046-8994-8/N·281	
定 价	168.00元	